自然生活家 39

野鳥 WILD
生態學堂
BIRDS

陳加盛———— 著

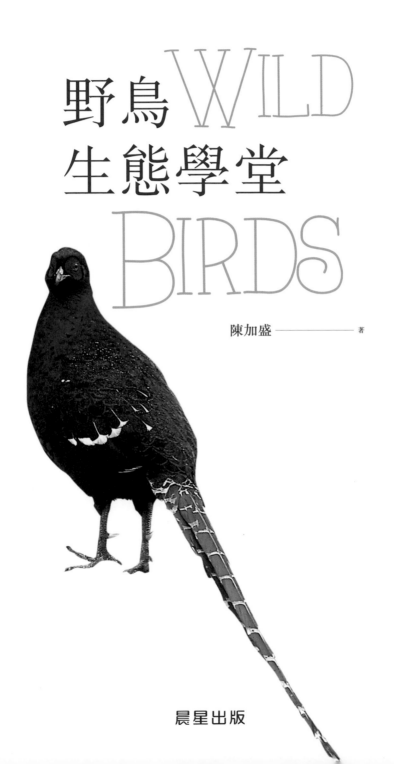

晨星出版

推薦序

　　加盛是我的老友，我們是同一個時代的人。那是一個台灣剛開始看鳥、研究鳥，自然裡藏著許多的未知，各路英雄好漢風起雲湧的時代。有些人拿起望遠鏡賞鳥，有些人走入山巔海邊研究鳥，還有少部分有「才」有「財」的人，投資在攝影器材的相機大砲，賣力與耐心的把大自然裡美妙精靈的身影定格。加盛就是屬於有才有財者。

　　那個時代令人懷念，因為台灣的鳥照片不多，而且每一張都得來不易，所以常常有許多挑戰，也像是一場競賽。加盛在當時是佼佼者，常常讓我們享宴新鮮與驚喜。那個時代我們互相幫忙，因為拍鳥的難度高，不是每一個人都能擁有這樣的才華、耐心與攝影器材。所以我和我的朋友說，我不必親自下海拍鳥，只要交到會拍鳥的朋友就夠了，要什麼鳥照片就有什麼鳥照片。加盛就是我的好友！

　　這一本書是加盛為那個時代告別的注腳，每一張鳥照片都有故事，也記載著在按下快門的一剎那間，凝住的行為與周邊的風情。我鄭重推薦這本書，因為加盛記載的是當時那樣一個澎湃激情的時代，值得細細咀嚼回味！

國立台灣大學 森林環境暨資源學系教授

袁孝維

作者序

紀念一個時代的結束

我之所以從事野鳥攝影，肇始於剝製標本之所需。要完成一座栩栩如生的標本，除了野外的觀察記錄外，還需要參考各種不同姿態的圖片，才得以完成。

在民國六、七十年代，台灣的經濟剛開始起飛，能擁有長鏡頭從事野鳥攝影者屈指可數，所以要找到清晰、完美可以參考的照片，是一件困難的事。在無計可施之下，遂興起了自行拍攝的念頭。在師專求學時曾受過完整的視聽教育課程，社團活動我又參加藝風攝影社，已具有相當的攝影技巧，因此就購置必要的裝備，展開了我的野鳥攝影生涯。

民國八十四年，野生動物保育法成立，我從各地山產店所能購得的材料銳減，加以我的鳥類攝影成果也逐漸展現，便逐漸將工作重心轉移到野鳥攝影上。

我的野鳥攝影創作是以正片為主，拍攝正片需要純熟的攝影技巧，拍攝野鳥的花費也較一般攝影為多，所以從事這項工作的人並不多。

隨著科技進步，攝影也進入數位時代，相機、鏡頭功能提升，自動對焦、自動測光、高 ISO 及可以即時觀看成相，立即修正，讓野鳥攝影變得容易，一般普羅大眾都可以輕易為之了。加上通訊軟體發達，往往一到拍攝現場，可見動輒三、四十人，多則上百人的場面，讓拍鳥不再是快樂好玩的事，所以我只好將重心轉回到標本剝製身上了。

這一本書所用的圖像百分之九十以上是正片拍攝的，據出版社說現在幾乎快找不到願意處理正片分色的廠商了，所以這本書的出版，或許可以當作一個時代結束的紀念，而我何其有幸能悠遊其中達數十年之久。

今值此書出版之際，特綴數語以為序。

目錄
CONTENTS

森林
林地
草地
田野

棕面鶯

在山林中鳴叫鈴鈴鈴

Abroscopus albogularis

P r o f i l e

科別：樹鶯科

生息狀態：留鳥

分布海拔：中、低海拔

棲息環境：森林

英文名：Rufous-faced Warbler

10

大約在西元 1950 年左右，台灣正從農業社會逐步轉型為工商社會，一般人的經濟狀況都還不算太好，所以日常生活中，主要的交通工具就是腳踏車。在那時候，腳踏車要有牌照，也必須繳稅，這些狀況一定讓時下的年輕人很難想像吧！

為了行車安全，腳踏車上都裝了車鈴，遇到狀況，一按車鈴。「鈴－鈴－」示警，行人自然會躲避。在台灣中、低海拔山區的森林中，也會不時傳來一陣陣「鈴－鈴－」的鈴聲，不過它可不是腳踏車發出來的聲音，而是台灣普遍留鳥棕面鶯的鳴叫聲。

顧名思義，棕面鶯頭部為棕紅色，頭頂兩側各有一條明顯的黑色縱線，上身橄欖綠色，腹部為白色。牠是身長僅十公分的小型鳥類，跳躍在枝頭間顯得嬌小玲瓏而可愛。主要分布於尼泊爾、緬甸、印度北部、中國大陸南部及台灣一帶。

牠們生性活潑好動，經常在樹林枝椏間飛來飛去，追逐小昆蟲，也常與畫眉科或山雀科等小型鳥類混群活動。繁殖期為每年四至八月，在樹洞或岩隙中築巢。研究者在溪頭、奧萬大等地所裝設的人工巢箱中，除了山雀以外，就數棕面鶯最常利用。牠們平均約產四至五個蛋，雌、雄鳥共同孵蛋、育雛。

幾乎在所有的中、低海拔山林中，都可以聽到牠們特有，一連串銀鈴般輕盈的鳴叫聲，但是要欣賞牠們的身影，那可是需要有無比的耐心和敏銳的觀察力，外加那麼一點點運氣了。

1 | 2 3

1. 繁殖期間，經常可以看見親鳥捕捉昆蟲育雛的畫面。
2. 在枝椏間快速移動，想要好好觀察牠們並不容易。
3. 棕面鶯的鳴叫聲清脆動聽，令人難忘。

赤腹鷹

看看萬鷹蔽天的盛況

Accipiter soloensis

P r o f i l e

科別：鷹科

生息狀態：春秋過境

分布海拔：低海拔

棲息環境：森林

英文名：Chinese Sparrowhawk

幼鳥的胸、腹為褐色縱斑，並不具有成鳥的紅褐色羽毛。

有時會棲立在獨出的枝頭，所以易被發現。（圖中為雌鳥）

當落山風開始在恆春半島吹起時，就宣告墾丁地區一年一度的候鳥季正式拉開序幕。在所有經過墾丁的候鳥中，來到台灣的時間最早，數量最多的首推紅尾伯勞；猛禽中的灰面鵟鷹大約在十月中旬過境，也就是有名的國慶鳥，而遷移性猛禽過境台灣數量最多的，則非赤腹鷹莫屬了。

赤腹鷹全長約三十公分，屬於小型鷹類，因體型大小與鴿子或斑鳩差不多大，鼻端又和鳩鴿科鳥類一樣，具有明顯的橙黃色蠟膜，所以又被稱為「鴿子鷹」或「斑鳩鷹」。雌、雄鳥的羽毛顏色相似，從頭、頸部至背、腰部、尾部均為石板藍色，胸、腹部的橙紅色特徵，就是牠們命名的依據。最奇特的是雄鳥眼睛的虹膜是暗紅色，雌鳥與亞成鳥則是完全不同的鮮黃色。

雄鳥的虹膜為暗紅色，和雌鳥的鮮黃色顯著不同，為主要的辨識特徵。

　　赤腹鷹主要繁殖於中國大陸東北、日本及韓國等區域，到了冬季則會南遷至中國大陸華南、海南島及菲律賓、中南半島等溫暖的地區。牠們是台灣地區普遍的秋季過境鳥，過境的時間比灰面鵟鷹更早，約在九月中旬至十月下旬，但春季過境則很少在台灣地區被發現。

　　每當赤腹鷹過境台灣時，常會出現一天兩三萬隻的大量，這時「萬鷹蔽天」絕不是誇張的說法。大家不妨在這一段時間，安排一趟墾丁之旅，親自來體驗這一種大自然的震憾。

鳳頭蒼鷹

是森林殺手

Accipiter trivirgatus

P r o f i l e

科別：鷹科

生息狀態：留鳥

分布海拔：中、低海拔

棲息環境：森林、公園

英文名：Crested Goshawk

白色的尾下覆羽是鳳頭蒼鷹飛行於空中時重要的
辨識特徵。

陸地上的一些猛獸像獅子、老虎等動物，在食物鏈裡處於較高位置，除了人類以外，幾乎找不到任何天敵。鳥類中的猛禽——鷲鷹類也是一樣，是食物鏈中的高級消費者，同樣是少有天敵的，台灣特有亞種鳥類鳳頭蒼鷹，就是一個很好的例子。

鳳頭蒼鷹在分類上屬於鷹科鷹屬，為台灣尚稱普遍的留鳥。牠們大多分布於平地至海拔二千四百公尺間的樹林邊緣地帶，而以中、低海拔山區較為常見。鳳頭蒼鷹是一種典型的獵食者，鳥類、鼠類、蛇、蜥蜴及大型昆蟲等，都是牠們捕食的對象。獵食時採急速俯衝的捕捉方式，如果未能成功，則會再次爬升重複攻擊，如此凶悍的捕獵方式，為牠們贏得了「森林殺手」的稱號。正在鳴唱的小鳥，只要一看見牠們的身影，會立刻噤聲並四散逃逸，可見牠有多凶狠了。

習慣棲息於樹林邊緣，方便觀察獵物及出擊。

每年四至六月為鳳頭蒼鷹繁殖的季節，牠們築巢於高大喬木的上層，每巢平均產三枚蛋，孵蛋工作大部分由雌鳥負責，雄鳥僅在雌鳥離巢覓食的一小段時間接替孵蛋，育雛時雌鳥立於巢邊警戒，雄鳥負責狩獵，將獵得的食物交予雌鳥，由雌鳥處理後餵食。除非雌鳥離巢，否則雄鳥絕不會進入巢內。

連續數年，台北植物園內都有鳳頭蒼鷹在此築巢，吸引許多賞鳥人士前往觀察、攝影，連電視台也曾加以報導。這樣的現象，似乎可以說明我們的自然環境，在大家共同努力之下有轉好的跡象。如果有機會到台北植物園，可順道去探訪鳳頭蒼鷹家族喔！

1 | 3
2 | 4

1. 棲息於裸露的枝頭，使牠們較容易被發現。
2. 雛鳥與正在守護的雌鳥。
3. 大晴天，偶可見鳳頭蒼鷹伸展羽毛行日光浴。
4. 築巢於樹木之中上層，並不隱密。

八哥
會學人說話
Acridotheres cristatellus

Profile

科別：椋鳥科

生息狀態：留鳥

分布海拔：低海拔

棲息環境：田野

英文名：Crested Myna

除了鸚鵡以外，還有許多鳥類能模仿人類的聲音，而八哥就是其中的佼佼者。

八哥的古名叫「鸜鵒」，又叫做「駕鴒」，人們很早就知道，只要經過馴養並加以訓練，牠們就可以學人說話，所以早在宋朝之前，就有豢養牠的紀錄了。

八哥屬於椋鳥科，為台灣特有亞種鳥類，曾經普遍分布於全島低海拔山區及平原。牠們通常成群結隊，在村落、農田或牧場附近活動及覓食，牠是屬於雜食性的鳥，不但和一般鳥類一樣吃果實、種子，也會吃昆蟲、廚餘，甚至腐肉，所以在垃圾場中也常發現牠們的蹤跡。聰明的牠在農田中，會和牛背鷺、大卷尾等鳥類一樣，跟隨在耕牛的身後，伺機捕食被驚嚇而飛出來的昆蟲。

每年三、四月分的繁殖季節，牠們會將巢築在樹洞或建築物的孔穴中，由於牠們必須從小開始馴養，才容易學說話，所以在八哥開始哺育幼鳥的這一段時間，就有很多人去掏牠們的巢捕捉幼鳥。以前還曾流傳著一種奇怪的說法：「要讓牠們學人說話，就必須修剪牠們的舌頭」，這一種錯誤的傳說，也不知道造成多少八哥冤枉送命呢。

為了滿足人們餵養上的需求，商人從國外進口了大量同科鳥類如林八哥、九官鳥和家八哥等，但是這些外來客逃逸到野外，逐漸形成自然繁衍的族群，本土種八哥無法和外來種競爭，所以就逐漸在台灣的野外消失了。

1 | 2　3
1. 象牙白的喙是牠們與外來種八哥間最大的差異。
2. 八哥的警覺性頗高，一有異狀，會迅速飛離。
3. 金門島上，沒有外來種八哥，所以本土種八哥還可以蓬勃發展。

紅頭山雀
成群結隊又愛喧鬧
Aegithalos concinnus

Profile

科別：長尾山雀科
生息狀態：留鳥
分布海拔：中海拔
棲息環境：森林
英文名：Black-throated Tit

如果有機會在野外邂逅紅頭山雀，那情景一定會讓你留下深刻的印象；因為紅頭山雀習慣成群結隊活動，隊伍中又常混雜著別種的小型鳥類，如冠羽畫眉、煤山雀、綠畫眉等。這些鳥類大多屬於活潑好動及喧鬧的，牠們在枝椏間不斷地移動、鳴叫，把原本安寧的森林搞得熱鬧無比。但隨著鳥群的迅速離去，林野又在剎那間恢復了原有的寧靜，彷彿什麼事都未曾發生過，只有剛才令人驚豔的那一幕，縈繞在心頭，令人久久不能忘懷。

紅頭山雀全長約十公分，是一種體型嬌小、羽色鮮豔的鳥類，在分類上屬於長尾山雀科，為台灣特有亞種鳥類。分布於台灣全島中海拔山區，由於族群數量頗多，所以普遍易見。牠們是屬於雜食性鳥類，喜啄食昆蟲，食物中昆蟲約占了九成之多，其餘食物包括蜘蛛、蝸牛、蠕蟲和植物碎屑、漿果等。

最近曾在武陵農場觀察並拍攝一巢紅頭山雀，有不少有趣的發現。紅頭山雀的巢是以苔蘚、細草莖和蜘蛛絲構成，外觀呈橢圓形，築於杜鵑叢中，巢離地約三十公分高。更奇特的是發現三至五隻紅頭山雀共同育雛的現象，這和以前的文獻記載，紅頭山雀是雌、雄共同育雛的記載有明顯不同，是否這一巢為特例，亦或是普遍的現象，實在是一個值得好好研究的課題。

1 ｜ 2 3
1. 繁殖期間，親鳥會獵捕蚜、蠅等小型昆蟲育雛。
2. 剛離巢之幼鳥，模樣呆萌惹人憐愛。
3. 築巢於樹叢之中，頗為隱密，不易被發現。

繡眼畫眉

是原住民用以鳥占的鳥類

Alcippe morrisonia

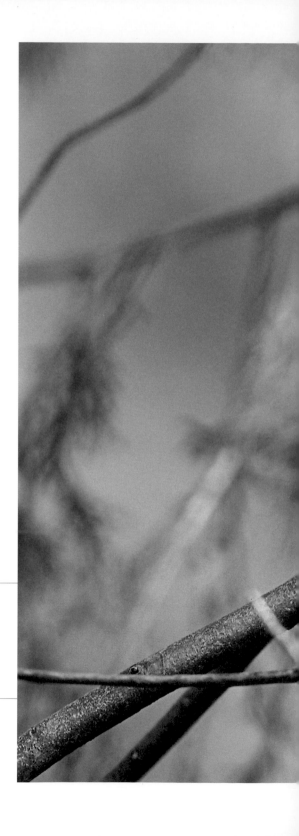

P r o f i l e

科別：噪眉科

生息狀態：留鳥

分布海拔：中、低海拔

棲息環境：森林

英文名：Gray-cheeked Fulvetta

台灣的原住民都是屬於南島語系的族群，人口數量稀少，且大多居住在山區。早期的農業生產以山田燒墾為主，狩獵和漁撈則提供了主要蛋白質的來源。這種接近自給自足的生產方式，幾乎完全取自大自然，因此非常敬畏大自然，常藉著鳥占、水占、竹占或巫術等方法，以期和自然中的鬼神溝通，預測禍福或改變現況。台灣特有亞種鳥類——繡眼畫眉，正是原住民中的泰雅、布農、賽夏和排灣各族所謂「鳥占」或「鳥卜」的鳥類之一；根據牠的叫聲次數及發聲位置，以判定當時吉凶。

繡眼畫眉是屬於噪眉科，全長約十三公分的小型鳥類，普遍分布在全島海拔二千五百公尺以下之山林中。牠們的外形樸素，頭部鼠灰色，身體為黃褐色，眼睛周圍明顯的白色眼圈則是命名的依據。性喜群棲，常集合成二十至三十隻以上的大群，出沒跳躍於枝頭，或與小型畫眉科、鶯科或山雀科鳥類混合成群穿梭於枝椏間。牠的個性非常活

潑喧鬧，在大老遠就可以聽到牠們所發出「唧－唧－唧」的急促叫聲。一般來說畫眉科鳥類大多是鳴聲悅耳的，聽到這樣嘈雜的叫聲，未免令人大失所望。其實牠在求偶期間，會發出另一種輕柔悅耳的鳴唱聲；這聲音往往令聽到的人心怡神往之餘，不相信這種柔美的聲音，竟也是出自這些一向喧鬧的小傢伙之口。

繡眼畫眉葷素不忌，是典型的雜食性鳥類，牠們以果實、花蜜及小昆蟲等為主要食物。在台中谷關，我就曾親眼目睹牠們群聚在狗食盆中，啄食餵狗的剩飯呢！下次如果有機會上去旅遊，不妨放一點剩飯在樹林中，說不定有機會引出這一些頑皮的小精靈。

1		3	4
2			

1. 卵為白色，雜有褐色斑塊。
2. 巢以草莖及竹葉編成。
3. 雌雄共同育雛。
4. 親鳥會把雛鳥的排遺銜走，避免汙染巢區及減少天敵發現的機會。

竹雞

躲在草叢裡大叫雞狗怪

Bambusicola sonorivox

Profile

科別：雉科

生息狀態：留鳥

分布海拔：中、低海拔

棲息環境：森林、田野

英文名：Taiwan Bamboo-Partridge

在春、夏之交，每當早晨或黃昏時，在低海拔山區的草叢中，常會傳來一陣陣急促、高亢而又響亮的鳴叫聲，聲音略似「雞狗怪！雞狗怪！」讓第一次聽見這種叫聲的人一頭霧水，弄不清楚究竟是什麼動物在鳴叫。其實那並非什麼特別的動物，而是竹雞的叫聲。

竹雞因喜歡居住於竹林之中而得名，在鳥類分類中屬雉科，是全長約二十五公分的中型鳥類。雌、雄鳥的外表相同，因此並不容易分辨，但可由雉科鳥類特有的「腳距」長短來加以分辨。雄鳥因有求偶爭鬥及禦敵時的需要，擁有長而尖的腳距，相形之下雌鳥的腳距則只有一小圓突而已。

屬於台灣特有種的竹雞，棲地分布甚廣，由低海拔平原、台地到中海拔山區都有牠的蹤跡。活動不局限於竹林之中，在相思樹林、雜木林、人工林及草原等不同環境類型也都可以找到牠。竹雞生性害羞而敏感，行蹤非常隱密，常在草叢邊緣走動覓食，只要一有風吹草動，就迅速鑽入草叢中躲避。除非牠受到突然的驚嚇，否則甚少起飛；牠的翅膀又短又圓，無法長程飛行，通常只飛個短短的距離後，咻一聲就落地躲藏了。

竹雞的繁殖期在每年三至八月，巢大多築於樹下草叢的地面淺凹處，蛋的外觀很像雞蛋，但是比較小。值得一提的是，竹雞在孵蛋時都全神貫注，並不在意周遭環境變化，這時是近距離觀察牠的最好時機。

1 | 2 3

1. 卵外觀為白色，無斑，形似雞蛋而略小。
2. 除了沙浴外，牠們也會進行水浴，並在陽光下把羽毛晾乾。
3. 在草叢中覓食時，仍會不時的抬頭警戒。

台灣叢樹鶯

忙著打電報

Locustella alishanensis

Profile

科別：蝗鶯科
生息狀態：留鳥
分布海拔：中、低海拔
棲息環境：森林
英文名：Taiwan Bush-Warbler

從前通訊不發達的年代，打電話需靠人工轉接，既不方便，而且價錢也貴，所以一般人要和遠地的親友聯絡，大多數是靠打電報。電報的原理是以代碼化的字、數字、標點符號等，變成電流信號的方式來傳送文件與訊息，因此在電信機房內，常可聽到繁忙的「嘀嗒－嘀嗒－」訊號傳送聲。

在台灣的眾多野鳥之中，也有一種鳥類的鳴叫聲類似打電報的聲音，牠就是我們俗稱「電報鳥」的台灣叢樹鶯。

台灣叢樹鶯為蝗鶯科短翅鶯屬，原本列為台灣特有亞種，但有人分析牠的鳴叫聲、生態行為及生理特徵，和其他地區的亞種間，有極為明顯的差異，所以在最近幾年發表報告，判定牠為台灣特有種鳥類，如今這項研究成果已經確定，牠是台灣的第十五種特有種鳥類了。

台灣叢樹鶯全身羽毛大致為褐色，眉斑為不明顯之淡黃色，從喉部至上胸部位為白色，並有暗褐色細斑點，這是在野外辨識牠的重要特徵。牠們通常單獨出現於中、高海拔山區之開闊地灌叢或草叢中，冬季則會遷移至較低海拔山區。

台灣叢樹鶯生性隱密，並不輕易現身，但是牠們那「嘀－嗒嗒－嘀」、「嘀－嗒嗒－嘀」的獨特鳴叫聲，卻常不停地流瀉在空曠的山區之中，只要在山上聽到這個聲音，就可以確信牠在你的旁邊；如果你夠幸運，有機會見到牠，即使是驚鴻一瞥，都足以讓你回味好一陣子。

1 | 2 3

1. 台灣叢樹鶯大多棲息於灌叢中，較少現身在空曠的地方。
2. 鳴叫聲極為響亮，略似打電報的滴答聲。
3. 非繁殖期間通常單獨出現。

灰面鵟鷹
來台灣慶祝國慶日
Butastur indicus

Profile

科別：鷹科

生息狀態：春秋過境

分布海拔：中、低海拔

棲息環境：森林

英文名：Gray-faced Buzzard

亞成鳥胸腹間有明顯的縱斑。

十月十日是國慶日，在這一天我們都會舉辦各種活動，熱熱鬧鬧地替國家慶生。這時候灰面鵟鷹也會從遙遠的北方，飛越千里之遙的路途前來台灣，好像是特地趕來參加國慶盛典似的，所以灰面鵟鷹也就被我們暱稱為「國慶鳥」。以前有一些人把灰面鵟鷹簡稱為「灰面鷲」，這其實是一種錯誤的叫法。「鷲」是指大型的鷹類，而灰面鵟鷹全長只不過約五十公分，是屬於中小型的鷹類，在分類上是鵟鷹屬而非鷲屬，所以千萬別再叫牠「灰面鷲」了。

每年夏天灰面鵟鷹在西伯利亞、中國大陸東北、韓國和日本等地繁殖，秋天以後，牠們就會帶著亞成鳥，遷徙到中南半島、菲律賓一帶度冬。台灣的灰面鵟鷹雖然在蘭嶼、綠島有少量度冬族群，但大部分還是屬於過境鳥。

灰面鵟鷹在四、五月分北返，途經八卦山，這時牠被稱為「南路鷹」、「清明鳥」。

在十月上、中旬，大批南下的灰面鵟鷹過境恆春半島，並且會停棲在恆春及滿州的山區過夜，第二天才飛離台灣。翌年三月牠們會經過彰化附近的八卦山、大肚山台地，返回北方的繁殖區，所以中部的居民稱呼灰面鵟鷹為「南路鷹」。

灰面鵟鷹過境台灣時，除非天氣因素干擾，否則最多只停留一、二天的時間，這時牠們會捕捉蛇、蜥蜴或大型的昆蟲來補充體力，以幫助牠們能飛渡重洋，平安到達目的地。當地的獵人，會利用這一段時間，摸黑上山去偷獵牠們，雖然墾丁國家公園都調派警力上山取締，但因人數少又不熟悉山路，以致成效不彰。每年還是有為數不少的灰面鵟鷹落入老饕的口中，這實在是台灣動物保育上的一大恥辱。

1
2 3

1. 在空中飛行的雄姿。
2. 雌鳥眉線明顯，胸前夾雜較多小白斑。
3. 過境期間，常整群停棲於里德山區的椰子園中。

酒紅朱雀

武嶺的酒紅朱雀最愛甜玉米

Carpodacus formosanus

Profile

科別 : 雀科

生息狀態 : 留鳥

分布海拔 : 高海拔

棲息環境 : 森林

英文名 : Taiwan Rosefinch

常在地面跳躍前進，啄食草籽。

一隻剛水浴完的雌鳥，停棲在虎杖的殘枝上。

唐朝詩人劉禹錫的〈烏衣巷〉是作者感懷世事變化無常所作的懷古詩，詩是這樣寫的：「朱雀橋邊野草花，烏衣巷口夕陽斜；舊時王謝堂前燕，飛入尋常百姓家。」詩中的朱雀橋在南京朱雀門外的秦准河上，「朱雀」在這裡並不是指鳥類，而是以南方天空的星宿朱雀而命名的。不過鳥類中確實也有朱雀，而且在中國大陸，朱雀的種類還不少呢！台灣的朱雀種類就少多了，除了一種稀有的迷鳥普通朱雀外，最普遍的就是酒紅朱雀了。

酒紅朱雀屬於雀科，為台灣特有種鳥類。大多分布於海拔兩千公尺以上的山區，冬季因天氣寒冷，則會降遷至一千七百公尺左右，族群數量很多，是易見的鳥類。

酒紅朱雀雌、雄鳥的羽色並不相同，雄鳥除了翼和尾為暗褐色外，其餘部分均為朱紅色，雌鳥則通體為暗褐色，

幼鳥羽色略似雌鳥。

相形之下顯得樸素多了。牠們外表差異之大，幾乎像是不同的兩種鳥類，沒有經驗的賞鳥者，很容易就被迷惑而誤認，這是大家在觀賞牠們時，必須特別當心的。

在高山上酒紅朱雀都成小群聚集，活動及覓食，平常都在地面啄食植物的種子，也常姿勢挺拔的佇立在芒草、箭竹莖上環顧四周，就像一個英勇的武士。如果突然受到驚嚇，牠們通常會飛到附近針葉樹的頂端，稍做停留及觀察，然後才快速飛走。

比起其他的鳥類，酒紅朱雀可說是比較不怕人的，人們很容易就接近牠們。在此我要透露一個消息，在合歡山附近，武嶺的停車場上有一小群酒紅朱雀，牠們早已經習慣來來往往的人們，所以這裡是最容易觀察牠們的地點了。另外我還要告訴你們一個小祕密，牠們可是最喜歡啄食遊客所丟棄的甜玉米喲！

台灣小鶯
只聞其聲不見其影
Horornis fortipes

Profile

科別：樹鶯科

生息狀態：留鳥

分布海拔：中、低海拔

棲息環境：森林

英文名：Brownish-flanked Bush-Warbler

在夏天，如果有機會到武陵農場、梨山或鞍馬山等中海拔山區去旅行的話，有可能你會聽到一連串很響的聲音：「你－回去」、「你－還不回去」。

這時你一定會很納悶，到底是誰那麼白目，要把剛到目的地，都還沒有開始遊覽的你給趕回去。你千萬不要誤會了，那響亮的聲音是台灣小鶯的鳴叫聲，而且恰好和「你－回去」的發音極為類似而已。

台灣小鶯的名字上冠著台灣兩個字，由此可知牠是台灣特有亞種鳥類，在鳥類地理位置的分布上和台灣有極為密切的關係。牠們在鳥類分類上屬樹鶯科，主要生活在台灣的中、低海拔山區，其中又以中海拔地區較為普遍易見。

台灣小鶯常活動在森林邊緣的草叢、灌叢中，害羞的牠不輕易現身，而是躲藏在草叢之中引吭高歌，讓嘹亮的聲音迴盪在山區四周。這時往往讓人有「只聞其聲、不見其影」的落寞感。

其實你用不著太失望，一旦掌握到訣竅，一樣可以看到牠們的。牠們生性喜歡停留在開闊的草原或向陽的森林邊緣地帶活動，只要找到上述地點，蹲下來安靜的等待，相信用不著多久，你們就可以發現躲在草叢中，伸長脖子大聲鳴唱的台灣小鶯了。

1 | 2 3

1. 出沒於灌叢間，經常只聞其聲不見其影。
2. 鳴叫聲高亢、響亮。
3. 動作敏捷，不易捕捉其身影。

棕扇尾鶯
的尾羽是把小摺扇

Cisticola juncidis

P r o f i l e

科別：扇尾鶯科
生息狀態：留鳥
分布海拔：低海拔
棲息環境：草原、溼地
英文名：Zitting Cisticola

劈腿佇立於稻穗間，宛如體操高手。

在電風扇、冷氣機尚未發明的年代，遇到炎熱的夏天，人們消暑最好的方法就是搖扇子。所以在那個時候，出現了許多不同型式與質料的扇子，有團扇、鵝毛扇、蒲扇及摺扇……等；有的在扇面上還加以繪畫、題詞，使扇子從實用性的物品，更進一步成了藝術品。尤其是摺扇，更普遍為文人雅士所鍾愛，因為手持摺扇，或開或合，偶爾輕搖數下，更顯得文采飄逸呢！

有一種小型鳥類，牠的尾羽就好像是一把摺扇似的，在停棲時閉合，凌空飛行時則完全張開，有這一種特徵的鳥就叫做扇尾鶯。台灣地區可見的扇尾鶯有兩種，即黃頭扇尾鶯與棕扇尾鶯，其中以棕扇尾鶯較為普遍易見。

棕扇尾鶯又稱錦鴝，在鳥類分類上屬於扇尾鶯科。牠們常出現在平地草原、

稻田及已開墾的山坡地帶，經常穿梭在草叢間，捕捉昆蟲為食。平時喜歡停棲在草莖頂端，向四處張望，飛行時呈波浪狀，尾羽張開如扇，並發出「喊喳！喊喳！」的鳴叫聲，在野外非常容易辨認。

在繁殖期間，棕扇尾鶯喜歡把巢築在草叢中，巢外觀呈長筒形，開口處略微向上，巢位隱密不易被發現。每巢約產四至五顆蛋，蛋為白色，並有稀疏的褐色斑點，雌雄親鳥輪流孵蛋，幼鳥孵出後，親鳥還會哺育一段時間，至幼鳥能獨立生活後才停止。棕扇尾鶯對幼雛呵護備至，所以牠們繁殖的成功率很高，在野外的數量很多，只要到鄉下，很容易就可以觀察到牠們。

1　|　2
　　|　3

1. 繁殖期間，主要以昆蟲育雛。
2. 巢藏於草叢之中，不易被發現，圖中可隱約見到卵及剛孵出的雛鳥。
3. 親鳥育雛。

巨嘴鴉
是 十 分 聰 明 的 鳥 類
Corvus macrorhynchos

Profile

科別：鴉科

生息狀態：留鳥

分布海拔：中、高海拔

棲息環境：森林

英文名：Large-billed Crow

在所有的鳥類之中，鴉科鳥類可能是最不受人們歡迎的一種鳥類了，這是因為牠們大部分擁有一身漆黑的羽毛及粗啞的叫聲。因此千百年來，不僅中國人把牠當作災禍的象徵，就連西洋人也把牠視為女巫的化身；其實這些都是由於迷信而產生的錯誤印象。根據鳥類學家研究，鴉科鳥類擁有一般鳥類少有的高智商，可以說是一種十分聰明的鳥類。

巨嘴鴉是鴉科鳥類成員之一，長達六公分又粗又厚的大嘴巴是牠獨特的註冊商標。在本島從低海拔至高海拔山區，都可以發現牠們的蹤跡，其中以中海拔山區較為常見。

巨嘴鴉的食性很雜，不但葷、素不忌，而且連腐臭、乾硬的食物也都可以入口，無怪乎有人會稱牠為「大自然的清道夫」呢！除了上述食物以外，牠還會偷襲中、小型鳥類的巢，將其中的卵或幼雛當成食物。我就曾經目睹牠吃掉黃胸藪眉的卵以及白環鸚嘴鵯的幼鳥。

在青藏高原偶爾會有因生病而瀕臨死亡的牛、羊，若被巨嘴鴉發現，牠們就率先啄食牛羊的眼球，以加速其死亡；但因巨嘴鴉無法以自己的喙撕開毛皮，於是牠們會去引導兀鷲、鳶等食腐鳥類來啄食，等牛、羊的毛皮被撕開以後，牠們就可以跟著好好享用大餐了。

在繁殖期間，牠們為了確保蛋可以順利孵化，親鳥會先啄掉自己胸前的羽毛，形成一塊孵卵斑，讓蛋可以很確實地接觸到牠的體溫，以加速其孵化。

由上述的生態行為中，你是否會覺得巨嘴鴉確實是一種高智商的鳥類呢？

1 ｜ 2 3
1. 性機警，常成小群活動。
2. 繁殖期間，可見明顯的孵卵斑。
3. 體型碩大，冬季常降遷至低海拔山區。

小啄木

是台灣森林中的啄木鳥

Dendrocopos canicapillus

P r o f i l e

科別：啄木鳥科

生息狀態：留鳥

分布海拔：中、低海拔

棲息環境：森林

英文名：Gray-capped Woodpecker

唧出幼鳥排遺，以確保巢洞中的清潔衛生。

經常出現在枯木附近覓食。

植物的生長過程中，幾乎都會受到昆蟲的威脅，牠們一有機會就會啃食葉片、啜飲汁液、咬爛木材、咀嚼根部，或在果實及種子上鑽洞。這些昆蟲隨後也會成為鳥類的食物，啄木鳥就是一種典型的食蟲鳥類，牠們可將喙探入樹皮中，甚至往下深入到木材內部，獵食其他鳥類吃不到的昆蟲。啄木鳥的喙就像鑿子，能以時速約四十公里的強勁力道啄擊樹木，當牠啄穿昆蟲幼蟲所蛀蝕之隧道後，就可用非常長的舌頭從裡面拉出獵物。啄木鳥的舌頭外罩著護鞘，喙基部的護鞘周圍分布著唾液腺，可以分泌膠狀黏液，再加上覆蓋舌面的刺毛，牠就可以用舌頭黏住昆蟲的柔軟表皮往外拉出。台灣可見到的啄木鳥約有四種，分別是地啄木、大赤啄木、綠啄木和小啄木。

小啄木又叫星頭啄木鳥，體長約二十二公分，是四種啄木鳥中體型最小的。主要棲息於中、低海拔山區，以低海拔雜木林中較為常見，是台灣數量最多的啄木鳥。

牠們經常單獨或成對活動，在樹幹

剛探出頭，準備探索這個世界之幼鳥。

上以其強勁的尾羽支撐身體，螺旋狀向上爬升，以捕食藏匿於樹皮縫隙裡的小昆蟲為食。除了昆蟲之外，漿果、花蜜亦是其食物。牠們並不太怕人，但會和觀賞者刻意保持一段安全距離，如果干擾持續逼近，牠們就會飛離，飛行時呈波浪狀，速度很快。

繁殖期間，雌、雄親鳥共同在樹幹上打洞為巢。不使用任何巢材，蛋直接產於巢洞中。雌、雄鳥輪流孵蛋、共同育雛。幼鳥為晚熟型，在巢中須經成鳥哺餵，才能長成離巢。

小啄木原本是不難見到的鳥種，但由於牠的體型太小，全身羽毛為黑白色的暗淡羽色，加上牠常停棲在枝葉濃密之處，不容易引起注目，所以有許多人未曾見過牠。其實，牠在枝枒間行進時，會一邊發出「噴」、「噴」，單音節的鳴叫聲，只要聽到聲音，便不難發現牠。有機會到山區旅遊，不妨停下腳步仔細觀察，你一定會見到這種可愛的小精靈。

綠啄花

與桑寄生有什麼密切關係呢？

Dicaeum minullum

Profile

科別：啄花科

生息狀態：留鳥

分布海拔：中、低海拔

棲息環境：森林

英文名：Plain Flowerpecker

生物與生物之間都存在著直接或間接的關係。在相互關係中，若是其中一方或雙方都可以得到好處，而不會有損失，自然學家稱這種關係為共生。共生又可以分為雙方都能獲利的「互利共生」，和只有一方得利的「片利共生」。綠啄花和桑寄生之間的依存關係，就是典型的互利共生。

桑寄生是種寄生性植物，主要寄生在桑科、薔薇科等高大喬木枝幹上。桑寄生本身長有綠色葉片，可行光合作用，但它的根則深入所寄生的植物中，吸取寄主植物的水分與養分，使自己生長茁壯。也許其他植物並不喜歡桑寄生這種植物靠近它們，但是對人類而言，桑寄生是一種具有舒筋活血藥效的植物；在夜市常可看到的美味佳餚——藥頭豬腳，就是放入以桑寄生為主的中藥和豬腳一起燉煮而成的。

綠啄花是屬於啄花科之台灣特有亞種鳥類，全長約八公分，算是台灣野鳥中體型最嬌小的一種。牠的性情活潑，飛行速度極快，經常快速的穿梭在不同的枝椏之間。桑寄生在綠啄花的生活中占了非常重要的地位，在它開花時，綠啄花受到吸引去吸食它的花蜜，同時也幫它完成了傳粉的工作。桑寄生的果實具有黏液，綠啄花吃了以後只能消化果實的外種皮，無法消化的種子則會隨排遺排出體外，卻又因為黏液而不易排出，所以綠啄花就會把它擦拭在樹枝上。如此一來，桑寄生的種子就順利地黏附在寄主植物枝幹上，等到了適當的時機，就可以長成一株新的桑寄生了。

大自然就是這麼奇妙，下次如果在野外發現桑寄生的話，不妨在其旁邊守候，說不定可以觀察到它和啄花鳥間有趣的共生關係。

1. 桑寄生的種子具有黏性，讓綠啄花排遺有點困難。

1 | 2 3　2. 綠啄花嗜好甜食，長滿果實的白飯樹也是牠經常造訪的對象。

3. 橙黃色的喙是幼鳥最鮮明的標幟。

紅胸啄花
的胸前戴紅花
Dicaeum ignipectum

Profile

科別：啄花科

生息狀態：留鳥

分布海拔：中海拔

棲息環境：森林

英文名：Fire-breasted Flowerpecker

54

紅胸啄花是台灣可見的兩種啄花鳥中體型較大的一種，另一種就是台灣最小的鳥——綠啄花。雖然說紅胸啄花的體型比較大，全長也僅有九公分，只不過比綠啄花多一公分而已，在所有的鳥類之中，仍然是屬於嬌小的。

紅胸啄花分布於海拔六百公尺至兩千四百公尺間的山區闊葉林中，是台灣特有亞種鳥類，通常單獨或成小群出現。牠們的性情非常活潑，經常在枝椏間不停地穿梭、跳躍及覓食，在山裡不斷發出「滴、滴、滴」或「答、答、答」略帶金屬聲音，短促而連續的叫聲。

雄鳥的頭、背部與翅膀是靛藍色，尾巴極短，腹部為白色，但下腹部有一條藍黑色縱斑，而胸前的一片鮮紅色羽毛也成為牠的命名依據，好似別上了紅色胸花。紅胸啄花雄鳥多彩的羽色與綠啄花差異極大，易於辨識，不過紅胸啄花雌鳥與綠啄花的羽色極為相似，非常難以辨認，而且牠們的分布區域又有部分重疊，所以那一隻到底是綠啄花，亦或是紅胸啄花的雌鳥呢？著實難倒了不少的賞鳥者。

在此要告訴大家一個辨識的小祕訣，其實牠們最主要的分別在喙部，綠啄花的喙部細長且略彎，紅胸啄花雌鳥的則較粗短，只要掌握這一個訣竅去仔細觀察，包管你下一次再遇見牠們時，一定能夠清楚的分辨出來的。

1. 幼鳥喙呈橙黃色。
1 | 2 3 2. 雄鳥的特徵明顯，易於辨識。
3. 雌鳥和綠啄花極其相似，辨認時要掌握喙的些微差異。

紅隼
是空中定點飛行的高手
Falco tinnunculus

P r o f i l e

科別：隼科
生息狀態：冬候鳥
分布海拔：中、低海拔
棲息環境：森林、田野
英文名：Eurasian Kestrel

伸展翅膀。

大家應該看過直升機的飛行表演吧！其中最令人印象深刻的是駕駛員可以操縱旋翼，把自己固定在空中，以從事搜索或人員運輸的任務。直升機能在空中定點飛行，是其他固定翼飛機所無法做到的。其實許多鳥類也都具有這樣的本領，像紅隼就是空中定點飛行的高手。

紅隼是屬於隼科的小型猛禽，說起隼科鳥類，在飛行速度上可算是鳥類中的佼佼者，以遊隼來說，在俯衝捕食獵物的時候，速度可衝到時速一百八十公里以上呢！

在台灣，紅隼是分布極為廣泛的冬候鳥，每年九月中旬就開始出現在台灣各地，翌年三月中旬陸續北返，通常四月中旬以後，即難以再發現牠的形跡。牠們常會選擇樹木較少的草生地、海邊紅樹林區及潮間帶，或中高海拔山區草原等區域，作為度冬的棲息地。

紅隼覓食的對象相當豐富，主要是以囓齒類的小型哺乳動物及小型鳥類為

主，其他包括蚯蚓、兩生、爬蟲類及昆蟲等，昆蟲裡頭，牠還特別喜好大型的甲蟲與蝗蟲。牠的捕獵技巧也是相當多變，會隨季節、獵物及環境的差異，而採用不同的方法。在牠們不同的捕獵技巧中，「空中定點搜尋」的捕食方式最值得研究，牠們充分利用氣流，藉著鼓翼、小翼羽的微動調整及尾羽的小幅擺動，就可以長時間滯留空中，且能巧妙的維持頭部固定不動，俾能從容掌握獵物的動態。發現獵物，牠會逐漸降低高度至最佳俯衝距離後，隨即收翅張爪攻擊。觀察牠的捕獵行為真是精彩萬分，足以讓人感受到大自然的奧妙。

快拿出你的望遠鏡，到野外去找尋那些像風箏一樣高掛在空中的紅隼吧！

```
1 | 2
  | 3
```

1. 即將離巢之幼鳥（攝於中國大陸陝西榆林）
2. 雌鳥背部栗紅色較淡。
3. 空中定點飛行，以搜尋地面獵物。

黃胸青鶲
是溪頭的林中精靈
Ficedula hyperythra

Profile

科別：鶲科

生息狀態：留鳥

分布海拔：中海拔

棲息環境：森林

英文名：Snowy-browed Flycatcher

在台灣中部的著名風景區溪頭，有著許多特殊景觀，例如大學池、銀杏林、神木及孟宗竹林，是馳名中外的風景勝地，每年都吸引許多遊客前來旅遊。溪頭山區除風景優美外，還擁有許多可愛的鳥類，這些森林中的精靈使這裡到處充滿著鳥類鳴叫聲，增添了聲色之美。

溪頭的眾多鳥類中，黃胸青鶲算是很容易觀察到的珍稀鳥種。尤其是每年四、五月的繁殖季節，整個森林遊樂區經常可以聽到此起彼落，略帶金屬音的細碎鳥鳴聲，那就是黃胸青鶲求偶的鳴唱聲。這種鳥類在台灣其他地區很難發現，但是在這裡，你只要循聲去找，不用費多大工夫「林中精靈」就會被找著了。黃胸青鶲在鳥類分類中屬於雀形目鶲科，為台灣特有亞種鳥類，分布於海拔一千至二千二百公尺間的樹林中，冬季會降遷至三百公尺左右林相完整的山區。雄鳥身上是漂亮的藍灰色，眼睛部位具有白色的粗短眉斑，橙黃色的喉部及胸部則是牠命名的依據。雌鳥並不像雄鳥那樣顯眼，全身只有樸素的黃褐色。

黃胸青鶲的巢大多利用松蘿與苔蘚，精巧地築於較低的樹椏之間，雌、雄親鳥輪流孵蛋、共同育雛，雛鳥離巢以後，親鳥仍會哺育一段相當長的時間，是寵愛小孩的父母。

黃胸青鶲不太畏懼人類，我們可以近距離去觀察牠。大家何不就在四、五月分時規劃一趟溪頭之旅，或許屆時可和這種可愛的林中精靈，來場驚喜的邂逅呢。

1 | 2 3
1. 雌鳥育雛。
2. 雌鳥羽毛樸素，易於藏匿。
3. 剛離巢之幼鳥。

台灣畫眉

擁有天賦的鳴唱本能

Garrulax taewanus

P r o f i l e

科別：噪眉科

生息狀態：留鳥

分布海拔：低海拔

棲息環境：森林

英文名：Taiwan Hwamei

如果說到鳥類羽毛色彩的話，那大多數畫眉科鳥類都不怎麼好看，牠們幾乎都不具有鮮豔的羽毛。但上天還算是公平的，因為大部分畫眉科鳥類，都擁有一副傲人的嗓音，其中又以台灣畫眉的鳴唱聲最為嘹亮，也最婉轉動聽。

台灣畫眉是台灣特有種鳥類，體長約二十三公分，主要生活於中、低海拔山區。經常出沒於濃密的灌叢、林投林或蔓藤中。牠們的翼圓而短，並不善於飛行，所以幾乎不從事長距離的飛行；牠的雙腳強健，能在灌叢中穿梭自如。全身為略帶褐色之橄欖色羽毛，頭及前胸密布黑褐色濃密縱紋，樸素的外表讓牠們在活動時具有最佳的保護效果。除非牠們發出鳴叫聲，否則一般人是根本無法發現牠的蹤跡的。

就是因為牠們具有如歌唱家般的鳴唱本能，才造成牠們不幸的下場；中國人捕捉、馴養畫眉可能已有數百年的歷史了。人們掌握牠們領域性極強，會現身驅離外來同類的特性，只要用一隻媒鳥加上一張鳥網，就可以輕易地捕捉到牠們了。

其實台灣畫眉不論體型、羽色及鳴唱能力，都遠不及大陸畫眉，所以捕獵壓力並不算太大。但是大量進口大陸畫眉，卻仍造成台灣畫眉的生存危機。原來許多大陸畫眉逃逸或被放生（特別是雌鳥）至野外，這些體型較大的外來種，除了會侵奪台灣畫眉原有的生存空間外，更嚴重的是會和台灣畫眉產生雜交現象，危及台灣畫眉的種源。如果我們再不重視這個問題，並設法加以解決的話，我們有理由相信，台灣畫眉總有一天會消失，就如同我們現在幾乎已找不到純正的台灣土狗一樣。

1. 巢築於濃密的樹叢中，極為隱密，不易被天敵發現。
2. 鳴叫聲悅耳宛轉動聽。
3. 繁殖期間，親鳥主要以昆蟲育雛。

1 | 2 3

台灣噪眉
的高海拔生存之道
Trochalopteron morrisonianus

Profile

科別：噪眉科

生息狀態：留鳥

分布海拔：中、高海拔

棲息環境：森林

英文名：White-whiskered Laughingthrush

64

如果有機會到高海拔山區如玉山塔塔加、合歡山等地去旅遊的話，那麼對於這種鳥類，一定會留下深刻的印象；因為牠們的外型圓胖，擁有豐腴的體態，數量相當多，而且對人一點也不覺得害怕，還常在人們的跟前背後繞來繞去。牠們很貪吃，幾乎所有能吃的東西牠都吃，因此經常可以在山區的垃圾堆中，發現正在聚精會神覓食的牠。牠就是被戲稱為高山垃圾鳥的台灣特有種鳥類——台灣噪眉。

台灣噪眉屬於噪眉科鳥類，「台灣噪眉」這個名字，大家可能會覺得有些陌生，如果提起牠那大名鼎鼎的舊稱「金翼白眉」的話，可能許多人會立刻恍然大悟，脫口說出：「原來是牠呀！」牠們是高海拔地區的群聚及優勢鳥種，因為圓胖的身軀及無所不吃的習性，讓牠們能在食物缺乏且氣候嚴寒的高山地區適應得非常好。

經過學者長期對牠們展開研究後得知，台灣噪眉為穩定的一夫一妻制，在繁殖的過程中，親鳥在每一階段都會共同參與，包括築巢、孵卵、孵雛、育雛和照顧離巢幼鳥的工作；而且牠們每窩都採取只孵二雛的精兵策略，這樣才能讓牠們在這個食物不充足及氣候不佳的高山生態系中，生存得這麼好，並且成為當地鳥類中的優勢族群。

1 ｜ 2 3

1. 常會撿拾人類掉落的食物碎屑。
2. 體型圓胖，頗為討喜。
3. 頭部明顯的白色眉線及顎線，易於辨識。

鵂鶹
怎麼會有兩雙眼睛？

Glaucidium brodiei

Profile

科別 : 鴟鴞科
生息狀態 : 留鳥
分布海拔 : 中、低海拔
棲息環境 : 森林
英文名 : Collared Owlet

佇立枝頭，宛如一顆小樹瘤因而得名。

當樹木受到外力的損傷後，受創的部位會自行分泌物質來療傷，等到傷口癒合以後，當初受創的部位，常因傷癒組織增生而形成樹瘤。一棵樹如果生有太多樹瘤，就算不上是良材，伐木業者往往捨棄不用。但因樹瘤的形狀千奇百怪，極具觀賞價值，所以還是有許多人刻意去蒐集它們。

鴟鴞科鳥類中的鵂鶹，因體型圓胖，停棲在樹上時，就好像在樹幹上突然長出了一個樹瘤，所以就利用樹瘤的諧音「鵂鶹」來對牠加以命名。在台灣地區可見的十二種鴟鴞科鳥類中，鵂鶹不但是體型最小的，同時也是白天仍然會持續活動的種類之一。

鵂鶹是台灣不普遍的留鳥，主要出現於中、高海拔山區的濃密樹林中。除了捕食昆蟲外，牠可能還會攻擊一些小型鳥類，所以當山區的小鳥如山雀科、鶯科或畫眉科鳥類，一聽到牠的鳴叫聲後，彷彿如臨大敵般，一面發出持續的警戒聲，一面在枝頭不停的亂竄。

不像其他的鴟鴞科鳥類白天往往躲藏在林蔭深處休息，鵂鶹在此時仍然照常活動，所以牠更容易遭受肉食性猛禽的攻擊。因此，鵂鶹頭後方的羽毛，長出像眼睛一樣的擬態紋路——眼斑，讓想攻擊牠的猛禽，搞不清楚哪一邊才是正面而無法下手，這實在是一種非常高明的偽裝。

2 1. 離巢二～三天的幼鳥，頭部偏褐色，與成鳥略有不同。

1 3 2. 鵂鶹的萌樣，非常討喜。

3. 後頭明顯的眼斑擬態是一種高明的防禦機制。

白耳畫眉

趕著去化裝舞會

Heterophasia auricularis

Profile

科別：噪眉科

生息狀態：留鳥

分布海拔：中海拔

棲息環境：森林

英文名：White-eared Sibia

70

凡是在分類學上屬於噪眉科的鳥類，都具有腳趾略長且強健有力，翅膀短而圓不善於飛行等特徵，所以常會因為高山、海洋的地理隔絕，產生特有種或特有亞種的演進分化，這種現象，在四面都是海洋隔絕的海島上最為明顯。在台灣的二十七種特有種中，畫眉科鳥就占了五種，是最好的證明。白耳畫眉就是屬於噪眉科的台灣特有種鳥類。

白耳畫眉的外貌，宛如一位穿著橘紅色襯裡的黑色斗逢，戴著白色眼罩，正要去參加化裝舞會的貴族，整體造型特殊，野外極易於辨識。牠們有時三、兩隻跳躍枝頭，有時卻成群穿梭於樹林之間吸食花蜜或啄食野果，偶爾也會覓食一些昆蟲當點心。

白耳畫眉的鳴叫聲，是一連串愉悅的哨音，聽起來聲音很像「飛－飛－飛呀！」當整群白耳畫眉在森林之中爭鳴，悅耳的聲音可是會響徹山谷的。如果發現有外敵接近，牠們則會改發出像機關槍射擊聲「得、得、得……」一樣的警戒聲，來提醒大家注意，以避免發生危險。

白耳畫眉主要分布在海拔九百公尺至二千八百公尺間的闊葉林或針闊混合林區，是普遍易見的鳥類。尤以春夏之交，山櫻花盛開或山桐子、十大功勞等樹木結實的時候，更容易發現前來覓食的牠們。在山區可要仔細聆聽牠們獨特的鳴唱聲，再循聲去找尋，一定可以發現這種優雅、迷人的鳥類。

1 │ 2 3

1. 喜食植物的果實、種子，有助於植物之傳播。
2. 山桐子結實累累的枝頭，常見白耳畫眉前來造訪。
3. 台東火刺木（狀元紅）的果實亦深受其喜愛。

黑枕藍鶲
是森林中的藍色小精靈

Hypothymis azurea

P r o f i l e

科別：王鶲科

生息狀態：留鳥

分布海拔：中、低海拔

棲息環境：森林

英文名：Black-naped Monarch

以草莖為主要的築巢材料，巢的外側會以蜘蛛絲、苔蘚等來加以裝飾。

記得在很久以前，電視台曾經播映過一部名叫「藍色小精靈」的卡通影片，它的內容是在描述一群可愛的藍色精靈，生活在森林中所發生的故事。影片中的小精靈不但造型特殊，而且對白幽默，動作生動活潑，所以許多小朋友非常喜歡它，播映時間一到，都準時在螢光幕前收看。

在台灣的山野裡也存在著藍色的小精靈喔！牠們以優異的飛行技巧穿梭在樹林之間，讓人有神龍見首不見尾的感覺。當牠佇立枝頭的那一剎那，在陽光照耀下卻又宛如藍寶石般光彩奪目，這種令人驚豔的小鳥就是黑枕藍鶲。

黑枕藍鶲在鳥類分類學中屬於雀形目王鶲科，是台灣特有亞種鳥類。牠普遍分布於平地至海拔一千六百公尺左右的次生林及闊葉林中，也常會在果園及竹林之中現身。牠們通常是單獨或以成對方式活動，較少以群體方式出現，主要以昆蟲為食。當牠們施展出在空中定點捕食飛蟲的特技，讓看過的人都目瞪口呆，心裡佩服得不得了。

每年四至九月，是黑枕藍鶲繁殖的

香檳酒杯造型的鳥巢，非常精緻。

季節，繁殖時牠們選擇濃密且蔓藤糾結的樹林中築巢，陰暗的環境可以讓天敵不容易發現。巢大多築於樹枝分叉處，主要以植物的細莖葉為巢材，另外加上蜘蛛絲、苔蘚、黏菌等黏結物質，外觀為酒杯狀，整個鳥巢的製作看起來非常精緻。雌、雄鳥共同負責孵卵與育雛的工作，在幼鳥成長的過程中，親鳥總是呵護備至。

想不想和這樣可愛的藍色小精靈認識呢？不要猶豫了，趕快拿著望遠鏡，到樹林中去找尋牠們吧！

1 | 1. 巢與卵
2 | 2. 剛離巢的幼鳥

孵卵中的雌鳥。

紅尾伯勞
是蒙面惡盜
Lanius cristatus

P r o f i l e

科別：伯勞科
生息狀態：冬候鳥
分布海拔：低海拔
棲息環境：田野、溼地
英文名：Brown Shrike

剛離巢的幼鳥。（攝於中國大陸黑龍江省）

台灣最南端的恆春半島，是候鳥在遷移途中必經之處，在天涼氣爽的秋季可說是南台灣最佳賞鳥地點之一，而九月分最先登場的主角就是有名的紅尾伯勞。

紅尾伯勞是屬於伯勞科的鳥類，描寫分離的成語——勞燕分飛，指的就是伯勞鳥和燕子。伯勞科鳥類大多體型修長，頭部很大且具有粗黑的過眼線，尾部稍長。牠們性情兇猛，會攻擊許多動物，所以有人用蒙面強盜來形容牠們。

紅尾伯勞常單獨出現在森林邊緣、疏林、灌木林或有獨立枝的開闊地活動，喜佇立在突出的枝頭或電線上伺機捕食，長尾羽在停棲時會有畫圈圈的習性。牠的領域性很強，早上天剛亮時就會在枝頭上鳴叫，這時綠繡眼、粉紅鸚嘴、斑文鳥等小型鳥類往往被嚇得停止活動。牠們以大型昆蟲、兩棲、爬蟲類及小型鳥類等為食，會有將剩餘食物串

掛枝頭貯食及宣示領域的特殊行為。

西伯利亞中南部、蒙古、中國大陸中北部、韓國及日本等地是紅尾伯勞的主要繁殖地，在東、北非，亞洲南部及菲律賓、印尼群島則是度冬區。

每年九月落山風開始吹的時候，就會有數萬隻的紅尾伯勞過境恆春半島，因而引來許多人設置「鳥仔踏」捕捉牠們，「烤伯勞」也曾經是屏東楓港地區的名產，這樣的行為使台灣野蠻的惡名遠播於世界。近年來由於政府大力取締，情況已大為改善，但是每年還是會發現少數的盜獵者，顯示出這樣的行為尚未完全根絕，我們衷心期盼，政府能持續宣導及取締，使捕捉紅尾伯勞的行為不再發生，讓牠們能安心的過境台灣。

```
  |2
1 |
  | 3
```

1. 繁殖期間，親鳥共同育雛。（攝於中國大陸內蒙古加格達奇）
2. 親鳥入巢育雛。（攝於中國大陸內蒙古加格達奇）
3. 亞成鳥的鱗狀斑極其明顯。

棕背伯勞

跟小孩學說話有什麼關係？

Lanius schach

Profile

科別：伯勞科

生息狀態：留鳥

分布海拔：低海拔

棲息環境：田野、溼地

英文名：Long-tailed Shrike

中間型棕背伯勞。

唐代段成式寫的《酉陽雜俎》有一段伯勞鳥的記載，十分有趣：「百勞，相傳伯奇所化。取其所踏枝，鞭小兒，能令其速語。」姑且不論這是不是真的，伯勞科鳥類真的是一種喜愛鳴叫的鳥類，所以古人才說拿牠停留過的樹枝來鞭打小孩，可以讓小孩很快學會說話。

伯勞的喙長的很強健，前端尖銳呈鉤狀，好像鷹嘴一般。牠也有發達的喙毛，銳利彎曲的趾爪，利於抓住食餌。

世界上有七十二種伯勞，大多分布於歐洲、亞洲及非洲的中、北部，主要分布於熱帶非洲。台灣約可見到七種，大部分是冬候鳥或迷鳥，棕背伯勞是唯一的留鳥。

棕背伯勞為全長約二十五公分的中型鳥類，屬台灣特有亞種鳥類。通常出現於平地之開闊樹林、草原及農耕地帶，夏季會向上遷徙至一千二百公尺以下之山區。牠通常棲息於樹林邊緣或疏林、灌木林中，喜好佇立於突出的枝頭或電

暗色型棕背伯勞，和中間型一樣，僅出現於金門地區。

線上頭，伺機捕食地上之昆蟲、爬蟲類及小型哺乳類。棕背伯勞常發出粗雜而刺耳的叫聲，有時還會模仿其他鳥類的叫聲，千萬不要被牠的偽裝給騙了。

繡眼畫眉、紅嘴黑鵯是原住民的占卜鳥，居住在噶瑪蘭的平埔族人則以棕背伯勞來作為占卜的鳥種，並稱牠們為「伯勞傀」。平埔族人會根據牠出現的方向或鳴叫聲來占卜吉凶，以決定未來的行止。所以說棕背伯勞還算是一種具有神祕色彩的鳥類呢！

剛離巢之幼鳥。

金門地區的棕背伯勞背部、腹部紅褐色較濃，為不同的亞種。

黃痣藪眉

的臉上有顆痣

Liocichla steerii

Profile

科別：噪眉科

生息狀態：留鳥

分布海拔：中海拔

棲息環境：森林

英文名：Steere's Liocichla

84

在台灣的中海拔山區，經常雲霧瀰漫，充滿了神祕氣息。清晨時分在略帶溼意的森林中漫步，一股清新潤澤的空氣充塞整個胸膛，令人覺得十分舒適。所以，有許多遊客喜歡來此登山、健行，充分領略此處神祕與恬適的氣息。

「唧啾兒—唧唧唧」，冷不防一陣響亮的鳥鳴聲，突然打破周遭的寧靜，還真讓人受到小小的驚嚇呢！發出這樣嘹亮鳴叫聲的鳥兒，就是台灣特有種鳥類——黃痣藪眉。

黃痣藪眉舊稱藪鳥，是屬於噪眉科鳥類，主要分布於台灣地區中海拔山區的闊葉林底層。牠們生性喜歡聚群，除繁殖期間成對出現外，其餘時間均成小群活動。牠們十分活潑、機警，常在灌叢中不停的穿梭與跳躍，有時也會出現於山區的道路或小徑旁。

黃痣藪眉嘴巴下方，有顆亮黃色的斑點，好像長了一顆痣，是牠的辨識特徵。牠的食性複雜，除了植物的漿果、種子及昆蟲外，連人類的食物如餅乾、麵包、泡麵碎屑等牠都喜歡吃，甚至有人給牠牛肉乾、香蕉，牠也照吃不誤。

這種生性害羞的鳥類，藏身在灌叢中，一般人是很難窺見牠的全貌。但是在溪頭森林遊樂區，卻特別容易見到牠，除了因為此地的黃痣藪眉數量眾多外，另一方面也是這裡的遊客很多，牠們早已是見怪不怪了。當你在垃圾筒附近耐心守候的話，一定可以見到前來覓食的黃痣藪眉。

在此可以透露一點關於牠的小祕密。你所聽到的鳴叫聲「唧啾兒，唧—唧—唧」，其實是兩隻鳥的叫聲，「唧啾兒」是雄鳥發出的聲音，「唧—唧—唧」是雌鳥的回應聲，因為兩種鳴叫聲，銜接的天衣無縫，才會讓人誤認為是一隻鳥的叫聲呢。

1. 幼鳥尾羽尚未長成。
2. 鳴叫聲極為嘹亮。
3. 雌雄鳥外表相似，野外難以分辨。

1 | 2 3

斑文鳥

常 在 廟 會 裡 咬 籤 紙 算 命

Lonchura punctulata

P r o f i l e

科別：梅花雀科
生息狀態：留鳥
分布海拔：中、低海拔
棲息環境：森林、田野
英文名：Nutmeg Mannikin

巢以草莖編成，形似小西瓜，頗為碩大。

記得在我小時候，最喜歡廟會活動了，在廟會中，除了有免費的歌仔戲和布袋戲可看以外，從各地集中而來的攤販，更是有吃、有玩，熱鬧的不得了。在這許許多多的攤位之中，我最感興趣的，當屬「鳥卜」的攤位了。一隻通靈的小鳥，在主人的指引下，咬出一張紙籤來算命，這一幕對當時年幼的我，真是一件無比神奇的事。

用來算命的小鳥，除了有些人用白文鳥（爪哇雀）外，還有一些人會用本土鳥種斑文鳥來加以訓練。白文鳥、斑文鳥的嘴粗厚有力，可以輕易的咬開種子堅硬的種皮，取食其中的種仁，所以咬起籤紙來也是毫不費力。

斑文鳥的胸、體側和腹部，密布著鱗狀斑紋，這是牠們被命名的依據，不過這些特徵在幼鳥身上可是看不到的。牠們的嘴為黑色，飛起來又老是「蓽仔、蓽仔」的叫個不停，所以在鄉下又有人稱牠們為「黑嘴蓽仔」。

斑文鳥經常成群在開闊地、農耕地

成鳥胸、腹的鱗狀斑十分明顯，因此得名

活動，牠們是素食主義者，主要的食物是穀類與草籽。因為牠們會啄食穀類，所以常被農人視為害鳥。其實牠們啄食了更多野草的草籽，對控制野草的蔓延上貢獻更大呢。

　　牠們的個性並不太畏懼人，我們常常可以輕易的接近牠們，而不會使牠們驚飛；這樣的個性也給牠們帶來了厄運，牠們經常大量被捕捉，然後賣給寺廟當放生鳥。

　　斑文鳥雖然沒有豔麗的外表，但是因為牠們不怕人，讓我們能很從容的觀察牠們。觀察牠們的行為也是很有趣的，大家不妨到鄉下去找一找這種平易近人的小鳥吧！

1 | 3 1. 幼鳥的鱗狀斑並不明顯。

2 | 4 2. 草籽是牠們的主要食物來源。

3. 喜歡群聚活動。

4. 除了沙浴外亦喜歡水浴，以降暑及去除寄生蟲。

白腰文鳥
是十姊妹鳥的種源
Lonchura striata

Profile

科別：梅花雀科

生息狀態：留鳥

分布海拔：中、低海拔

棲息環境：森林、草原

英文名：White-rumped Munia

90

距今三十多年以前，台灣人民在有心人士謠傳「日本人要高價收購十姊妹鳥」的蠱惑之下，掀起了一陣養殖十姊妹的熱潮，當時不但有許多人投下鉅資，從事大規模的養殖，就連許多從軍公教退休的人，也爭相把退休金投入養殖的行業。

在大家的搶購下，原本非常便宜的十姊妹，價格竟然飆到了每對兩、三百元的天價。後來證明謠傳中的事只是一場騙局時，大部分的人都落得血本無歸，甚至傾家蕩產的下場。

十姊妹是日本人拿白腰文鳥和另一種血緣極為相近的同科鳥類雜交而成，由於易於馴養且繁殖力又高，遂被有心人士利用，作為詐財的工具。

十姊妹雜交種源之一的白腰文鳥，屬梅花雀科，為台灣的普遍留鳥，分布於自平地至低海拔山區之雜木林、草叢及農耕地帶，其中又以低海拔山區的數量較多。白腰文鳥是因腰部的羽毛為白色而得名，牠們的尾羽也是台灣所有文鳥科鳥類中最尖細的，所以也有人稱牠為尖尾文鳥。

白腰文鳥平日喜歡聚集成群體一起活動，在山區的禾本科植物上，常可發現牠們成群結隊在一起覓食。牠們的警覺心也是所有梅花雀科鳥類中最高的，只要稍微受到驚擾，就會成群飛離。牠們的飛行速度很快，轉瞬間就會飛得不知去向，所以如果要好好觀察牠們的話，一定要動作輕緩，以避免驚嚇到牠們。

1 | 2　3
1. 警覺性高，不易接近。
2. 尾羽尖細，所以又被稱為尖尾文鳥。
3. 經常結群活動。

藍腹鷳

愛裝神祕，總在晨昏出沒

Lophura swinhoii

Profile

科別：雉科
生息狀態：留鳥
分布海拔：中、低海拔
棲息環境：森林、果園
英文名：Swinhoe's Pheasant

雄性幼鳥。

台灣的特有種雉科鳥類中，以藍腹鷴的羽色最為豔麗，行為也最神祕。藍腹鷴如同其他大多數雉科鳥類一樣，雌、雄羽色差異極大，雌鳥為一身暗褐色，並雜有淡褐色、黑色斑塊的羽毛，這樣樸素的打扮讓牠具有更好的掩蔽效果，在孵蛋、育雛時可以得到更多保護。雄鳥則是全身披覆寶藍色且雜有靛藍色物理光澤的羽毛、羽冠，背上和長長的中央尾羽則是白色，肩羽為具光澤的血紅色，這些鮮豔的羽色，讓牠即使身處陰暗的森林中，仍能吸引雌鳥的注意。

藍腹鷴棲息於中、低海拔山區闊葉林與針闊葉混合林裡，常在晨昏、濃霧、下雨前後，這種天候差，光線又昏暗的時候，出現在林下或林道旁。牠的警覺性極高，受到驚嚇時會立刻鑽入灌叢中或疾飛下坡躲避。若是有幸看見牠漫步林間，可以觀察到牠邊走邊用爪子撥動落葉、泥土，啄食地面上的漿果、嫩葉和昆蟲，那種從容不迫的覓食姿態真是

雌鳥與初生之幼鳥。

優雅極了。

　　藍腹鷳棲息的台灣原始林面積有限，所以牠的族群數量不多，又常遭捕捉，使其生存備受威脅，因而被列為瀕臨絕種的保育鳥種；又因牠生性隱密觀察不易，以至於對牠的生態習性所知有限。欲保護牠們，除了要嚴格限制山林開發並禁止捕獵外，更要積極去研究牠們的生態行為，才能採取有效的保育措施，讓牠們能永遠悠遊於山林之中。

發情期雄鳥的雞冠充血脹大，蓋住整個喙部。

雄鳥的炫耀動作，在繁殖時期經常可見。

栗背林鴝
是以阿里山命名的鳥類
Tarsiger johnstoniae

P r o f i l e

科別：鶲科
生息狀態：留鳥
分布海拔：中、高海拔
棲息環境：森林
英文名：Collared Bush-Robin

雌鳥羽色樸素，以褐色為主。

英國的鳥類採集者古費洛（Walter Goodfellow）在西元 1906 年來台灣採集鳥類，那一次收穫很豐富，栗背林鴝也是在這一次的採集行動中，才首次被發現的。

栗背林鴝在分類學上是屬於鶲科林鴝屬的台灣持有種鳥類，因為在阿里山地區的數量極多，所以也有人稱牠為「阿里山鴝」。

栗背林鴝體型嬌小，和我們熟悉的麻雀差不多大小，牠們喜歡居住在海拔二千公尺至三千五百公尺左右的中、高海拔地區。在山區牠們通常在森林的底層、岩壁上或灌叢中活動，以跳躍的方式在地面前進、覓食。牠們是雜食性鳥類，可說是葷素不忌，但是幼鳥一般還是以動物性食物為主。

每年三月下旬至八月中旬，是栗背林鴝的繁殖期。此時，雌鳥會以苔蘚、鬚根、腐葉甚至尼龍繩等為巢材，在岩壁的洞穴中築巢，每一巢平均產三個蛋，孵卵、育雛的工作主要全由雌鳥負責，雄鳥則負責警戒的工作。隨著山區的逐漸開墾，人類的活動往往干擾牠們的繁

幼鳥全身密布淡色斑點。

殖，隨人而至的狗、貓也會破壞鳥巢，掠食鳥蛋與雛鳥，再加上猛禽、烏鴉、華南鼬鼠及台灣獼猴等天敵的威脅，這些都是造成栗背林鴝族群無法增加的主要原因。

每年阿里山花季，櫻花盛開之時，也是最容易發現栗背林鴝的時間。在這一段時間上山，除了可以欣賞如雪的櫻花，還可以好好觀察這一種以阿里山命名的台灣特有種鳥類。

捕捉昆蟲育雛之雄鳥。

雌鳥育雛。

栗喉蜂虎
在夏天的金門上演捕蟲絕技

Merops philippinus

Profile

科別：蜂虎科

生息狀態：金門

分布海拔：低海拔

棲息環境：草原

英文名：Blue-tailed Bee -eater

昆蟲是技巧不凡的飛行家，但是鳥類的體型比牠們大太多了，因此昆蟲遇見食蟲鳥類時，幾乎全無招架之力。但昆蟲不會束手就擒，就像植物一樣，有些昆蟲伴生著強而有力的刺針，有些昆蟲的身體部位具有毒性。然而，部分鳥類自有一套克制的方法，分布於非洲和亞洲的蜂虎科鳥類，羽色豔麗，飛行快速，對於應付黃蜂、胡蜂等擁有恐怖武器的昆蟲，可說是游刃有餘。覓食時牠可以在空中攫獲昆蟲，用修長喙的尖端橫向叼住昆蟲帶回棲木，將昆蟲頭部對準棲木猛撞致死，然後在棲木上來回摩擦昆蟲的腹部使牠們排出毒液，昆蟲已死武裝解除，蜂虎就可以放心食用了。

台灣本島並沒有蜂虎科鳥類分布的記錄，但在海峽另一端的金門列島，栗喉蜂虎卻是普遍的夏候鳥。牠們從三月中旬開始陸陸續續到達金門，四月中旬族群數量最多，五月完成配對後，雌、雄鳥合力在土壁上鑿出一個個深邃的巢洞，牠們是採集體營巢的繁殖方式，遠遠望去，土壁上的巢洞就好像一幢集合公寓似的，這樣的繁殖方式，可以合力驅趕侵犯牠們的天敵，以確保幼雛的順利成長。

牠們的蛋在雌、雄親鳥的輪流抱孵下，約三週多就孵化了。這時就可以看見成鳥不停的捕捉蝴蝶、蜻蜓、胡蜂等昆蟲，回來餵養幼雛；幼鳥經過親鳥二、三十天的辛勤餵養，就可以離巢了，但親鳥仍繼續餵養一段時間，直到牠們能完全獨立才停止。九月中旬至十月底，牠們就帶著幼鳥返回南方的度冬區去了。如果想再看栗喉蜂虎施展神妙的捕蟲工夫，那可要等到明年才有機會了。

1 | 2 3

1. 以昆蟲為食。
2. 栗喉蜂虎二枚中央尾羽細長突出，易於辨識。
3. 在土壁上，以喙鑿洞為巢。

黃鸝

平時只會嘎嘎叫

Oriolus chinensis

Profile

科別：黃鸝科

生息狀態：留鳥

分布海拔：低海拔

棲息環境：森林

英文名：Black-naped Oriole

打起黃鶯兒，莫教枝上啼。

啼時驚妾夢，不得到遼西。

這是首名叫《春怨》的唐詩，是金昌緒所作的五言絕句，主要是描寫閨中少婦對她遠在遼西的丈夫的思念之情，其中的黃鶯兒就是黃鸝。

黃鸝是屬於黃鸝科鳥類，為台灣地區稀有的留鳥及冬候鳥。常單獨或成對出現於平地至低海拔山區。雄鳥的外表是非常鮮明的黃色，雌鳥則偏黃綠色，配上桃紅色的嘴及黑色的過眼線，全身羽毛真可說是光鮮耀眼。大家如果認為像黃鸝這樣有鮮豔羽毛的鳥類，在野外一定很容易被發現的話，那可就錯了。只要牠站在樹叢中，那一身鮮黃的羽毛便完全融入背景之中，是非常不容易被發現，具有極佳的掩蔽效果的。

我們都以為黃鸝鳥的鳴叫聲一定非常好聽，才會有「黃鶯出谷」這一句成語的出現，其實牠平時只發出像「嘎」這樣粗啞的單音，只有在求偶期間，牠們才會發出柔和悅耳的哨音。但是因為黃鸝擁有鮮豔的羽毛，使牠們成為人們所喜歡飼養的籠鳥之一，因而面臨極大的捕獵壓力，族群數量因而銳減。加上牠棲息活動的平地及低海拔山區，正遭受大規模的人為開發，棲地喪失更嚴重影響牠們的生存，是有可能在台灣滅絕的鳥種之一，值得我們好好的保育牠們。

	3		1. 雄鳥全身羽毛為鮮黃色，明亮動人。
1	2	4	2. 雌雄共同育雛。
			3. 黃鸝幼鳥。
			4. 幼鳥喙部暗黑色。

朱鸝
因為美麗而差點滅絕
Oriolus traillii

Profile

科別：黃鸝科
生息狀態：留鳥
分布海拔：低海拔
棲息環境：森林
英文名：Maroon Oriole

剛離巢之幼鳥。

黃鸝科鳥類主要分布於非洲及亞洲的熱帶地區，牠們喜愛在樹林的上層地帶活動，飛行能力很強，而且羽毛顏色鮮豔，是森林中非常受到人類注目的鳥類。本科鳥類在台灣地區共有兩種，也就是黃鸝與朱鸝。

朱鸝是因為除了頭部和翅膀的部分為黑色外，全身的羽毛都是朱紅色而得名，也有人稱牠為「大緋鳥」。主要棲息於低海拔山區的原始闊葉林之中，以中南部及東部地區的數量較多，為台灣特有亞種鳥類。

朱鸝是雜食性鳥類，食物來源很廣泛，無論是昆蟲、果實、種子及小型爬蟲類，都是牠們菜單裡的項目，甚至還有人發現牠們偷襲綠繡眼的鳥巢，把裡面的鳥蛋給吃掉了呢！

朱鸝的鳴叫聲為低沉的哨音或粗嘎顫抖的喉音，並不悅耳動聽，只是牠們的羽毛顏色實在太鮮豔了，還是吸引許多人來豢養牠們，所以買賣價格一直居高不下，為了滿足市場的龐大需求，有許多人設法去捕捉牠們。由於捕捉的人實在太多了，一度造成牠們的數量大

雄鳥除頭部、翅膀黑色外，全身羽毛朱紅色。

減，幾乎要到達滅絕的地步；還好政府頒布了「野生動物保育法」，將朱鸝列名為「瀕臨絕種」的保育類鳥種，嚴格禁止買賣及私人豢養，這種濫捕的狀況才因此得以制止。

如今朱鸝的數量正逐漸恢復中，所以我們要和牠們在森林中做一場美麗的邂逅，已經不是一件困難的事了。

常單獨或成對出現於闊葉林中。

雌鳥腹部羽毛汙白色夾雜黑色縱斑。

領角鴞
是夜晚裡的寂靜殺手
Otus lettia

Profile

科別：鴟鴞科
生息狀態：留鳥
分布海拔：中、低海拔
棲息環境：森林
英文名：Collared Scops-Owl

108

在夜晚，山區的森林中不時會傳來一陣陣「不－不－」、「呼－呼－」或「嘘－嘘－」等極為悠遠蒼涼的聲音。這些聲音往往讓初次聽到的人豎直汗毛，心中充滿寒意，以為遇上了什麼鬼怪。其實這不是山區鬼魅精靈的呼喊聲，而是一向被認為是智者象徵的貓頭鷹的鳴叫聲。

貓頭鷹就是鴟鴞科鳥類的通稱，因為牠們大而圓的眼睛及臉盤，像極了貓科動物，而且牠們的確也像貓科動物一樣，擅長在夜間覓食。

領角鴞是台灣地區最普遍易見的貓頭鷹，主要分布於全島海拔一千兩百公尺以下的山區雜木林或人工林中，都會地區面積較大的綠地、公園亦偶爾可以發現牠們。白天牠們躲藏在濃蔭深處休息，到了夕陽西下，夜幕籠罩大地，大部分的鳥兒都已覓好休息處所，準備好好睡上一覺之時，卻正是牠們大展神威，活動及覓食的時候了。

領角鴞有又圓又大的眼睛，能聚集更多的光線，讓牠們不論在月光或微光的環境中，都能迅速發現目標。一高一低不對稱的兩耳及頭頂的兩簇角羽，讓牠們可以蒐集最細微的聲響，並且能精確地定位音源。

當牠們展開攻擊時，雙翼初級飛羽邊緣的繸邊，可以減弱氣流通過羽毛的聲音，因此牠們的飛行幾乎是寂靜無聲，再機靈的獵物，也無法察覺牠們的降臨。很遺憾的是這樣精彩的行為，因為多出現在夜間，所以很少有人可以親眼目睹。

1 | 2 3

1. 以天然樹洞為巢。
2. 幼鳥。
3. 領角鴞頸部能大幅度左右轉動，角度可達 270°。

蘭嶼角鴞
叫著嘟嘟霧的神祕隱者
Otus elegans

Profile

科別：鴟鴞科

生息狀態：留鳥（蘭嶼）

分布海拔：低海拔

棲息環境：森林

英文名：Lanyu Scops-Owl

110

位處於台灣東部外海的蘭嶼，是一座孤懸於太平洋上的火山島。世代居住於蘭嶼島上的原住民達悟族，平時因生活需求極為簡單，對於生態環境極少加以破壞，所以島上的原始熱帶雨林依舊十分茂盛。翁鬱的森林中棲息著許許多多的動物，其中就屬蘭嶼角鴞最具代表性，是蘭嶼森林中最神祕的隱者。

蘭嶼角鴞屬鴟鴞科，有人認為牠是紅角鴞的一個亞種，在台灣地區僅分布於蘭嶼島上。因為牠的叫聲類似「嘟嘟霧」，島上的居民乾脆直接稱牠為「嘟嘟霧」。

蘭嶼角鴞通常在夜間活動及覓食，白天則躲藏在高大喬木的濃密枝葉中休息。牠們特別偏好棲息在「台東龍眼」的樹上，因為這種樹木具有寬大濃密的樹葉，足以提供蘭嶼角鴞安全隱密的休息場所，所以在白天要觀察牠們的話，在台東龍眼樹上尋找，一定會有收穫的。

蘭嶼角鴞的食物，主要為大型的昆蟲；但在野外曾經觀察過，白天繁殖的黑綬帶鳥親鳥一面發出淒厲的叫聲，一面瘋狂的驅趕休息中的蘭嶼角鴞。是否因為蘭嶼角鴞會獵食黑綬帶鳥幼雛，才讓親鳥有如此激烈的反應？事實究竟如何，可能需要更多的觀察報告，才能更深入的瞭解。

1 ｜ 2 3
1. 白天躲藏在濃密樹叢的背光處。
2. 鴟鴞科鳥類頸部轉動的角度之大，令人嘖嘖稱奇。
3. 台東龍眼濃密的枝葉是牠們最喜歡躲藏的地方了。

粉紅鸚嘴

是緣投囝仔

Sinosuthora webbianus

Profile

科別：鸚嘴科

生息狀態：留鳥

分布海拔：中、低海拔

棲息環境：森林、田野

英文名：Vinous-throated Parrotbill

在台語中有「緣投囝仔」這一句話，意思是形容一些很可愛、很好看的小男孩。台灣的鳥類中，也有一種很可愛的小鳥被稱為「緣投仔」，牠就是台灣山野中普遍易見的粉紅鸚嘴。其實原來牠不是叫「緣投仔」，而是叫「圓頭仔」，因為牠的頭型感覺上比起其他鳥類要圓得多。但台灣話中「圓頭」、「緣投」語音相近，時間一久就以訛傳訛，加上牠又實在很可愛，所以一般人就不再稱牠「圓頭仔」，而改以「緣投仔」來稱呼牠了。

粉紅鸚嘴是屬於鸚嘴科，為台灣低至中海拔山區普遍之留鳥，最高分布可達海拔三千二百公尺之高山，但一般以低海拔地區較為常見。除了繁殖季節成對出現外，其餘時間喜群居且往往聚成大群活動，牠們生性十分活潑好動，經常會成群在地面活動或追逐嬉戲於草叢、樹叢之間，也會飛至樹木頂端尋找食物。牠們的食性很廣，從草籽、細小果實、花、莢果及昆蟲等，都是牠們覓食的對象。

粉紅鸚嘴的繁殖期為每年四至六月，以草莖、芒草穗或竹葉等為巢材，巢為杯狀，築的位置不會很高，大都在離地三十公分至一點五公尺左右的芒草叢或灌木叢中，每巢平均產四個蛋，外觀淺藍色，雌、雄親鳥輪流抱孵；雛鳥出生後，親鳥共同育雛。在育雛的過程中，親鳥會把雛鳥所排出的糞囊（有一層薄膜包裹的排泄物）吃掉，這除了可以再度吸收尚未完全消化的養分外，亦可以避免白天的糞便堆積在巢中，既不衛生又會引來天敵的注意，進而幼鳥曝露在危險之中。這種奇特的本能，很值得仔細觀察。

1　2　3
1. 全家福。
2. 成群移動時會發出嘈雜的鳴叫聲。
3. 親鳥育雛。

黃山雀
身著道士服
Parus holsti

Profile

科別：山雀科
生息狀態：留鳥
分布海拔：中海拔
棲息環境：森林
英文名：Yellow Tit

明朝末年，大陸東南沿海屢發旱災，倭寇騷擾甚烈，人民生活極為困苦，閩、粵諸地的居民開始跨海移民來台。但當時的台灣為尚未開發的蠻荒之地，氣候又溼又熱，因此流行疾病經常肆虐。在這樣的境況中，人們自然對於有超能力的神祇相當敬仰，於是形成民間普遍的祭祀行為。通常在祭典中必須要有道士，擔任除煞祈福的工作，道士身穿黃色的道袍，頭戴黑色的道冠，總是讓人有莊嚴肅穆的感覺。

台灣黃山雀這一種鳥類，頭頂著黑色的羽冠，胸、腹又有黃色的羽毛，活生生就像是道士的形貌，所以有人就把這種鳥叫做「師公鳥」。「師公」以台語發音，就是道士的意思。

黃山雀是台灣山雀科鳥類兩種特有種中之一種，另一種為赤腹山雀。通常單獨或成對出現於中海拔山區，在森林中，牠們大多棲息、活動於闊葉林的中、上層區域，亦常混於其他山雀科鳥群之中。

每年夏天是黃山雀的繁殖季節，築巢與孵蛋的工作，主要是由雌鳥負責；雄鳥在這一段時間，會不時的抓一些昆蟲回來餵給雌鳥吃，好像是在慰勞雌鳥的辛勞似的，這樣親密互動的行為，讓人看了非常感動。

黃山雀因牠們的羽毛豔麗，鳴叫聲也很響亮悅耳，在鳥類買賣的市場中價格一直很高。在山上獵人一直不停的尋找牠們的巢位，有許多嗷嗷待哺的雛鳥還來不及長大離巢，就一起被抓走了，所以我們在野外就越來越不容易看到黃山雀的身影了。

1. 咬巢材的雌鳥背部羽毛灰綠色。

1 | 2 3　2. 食性很雜，以小型昆蟲、果實、種籽為食。

3. 雄鳥背部羽毛藍黑色，泄殖腔周圍羽毛黑色。

山麻雀

長的酷似麻雀，但只在山上出沒

Passer rutilans

Profile

科別：麻雀科

生息狀態：留鳥

分布海拔：低、中海拔

棲息環境：森林

英文名：Russet Sparrow

麻雀廣為大家熟悉，因為牠可說是最能適應人類生活環境的鳥類了。牠們利用人類的建築物，搭建比野外更能遮風蔽雨的巢穴，更可順便撿拾人類遺落的食物碎屑，所以牠們的族群能穩定成長，是台灣數量最多的留鳥。

麻雀的正式名稱叫做樹麻雀，其實在台灣除了牠們外，還有一種生活在較高海拔山區的山麻雀，只不過這一種山麻雀的數量稀少，一般的賞鳥者都很難得觀察到牠們，自然對牠的生態行為就更無從了解了。

山麻雀的外形酷似麻雀，但雄鳥的體色比麻雀更偏棕紅色，兩頰也不像麻雀那樣具有黑色的斑塊，這些都是在野外最好的辨認特徵。跟麻雀不同的是山麻雀雌、雄鳥的羽毛差異極大，如果我們說山麻雀的雄鳥是穿著紅棕色外套的紳士，那雌鳥就是有著灰褐色外表的樸素村姑了。

山麻雀的鳴叫聲比麻雀細且弱，食性則和麻雀相似，主要以草籽、粟米為食，亦捕食少量昆蟲；在緋寒櫻（山櫻花）盛開時，曾觀察到山麻雀有啄食花朵及吸食花蜜的行為。每年五至七月為山麻雀繁殖的季節，牠們會利用天然的樹洞或啄木鳥的棄巢，以枯草、樹葉、細根及羽毛等巢材築巢，每巢約產五至七個蛋，雌、雄親鳥輪流孵蛋及育雛。

山麻雀的飛行速度比麻雀快很多，但對於環境的適應能力則遠不如麻雀。根據以前的文獻記載，山麻雀主要分布於華中、華南及台灣，在台灣則棲息於海拔五百至二千公尺左右的森林之中，數量尚稱普遍。但在山區大量開發的今日，山麻雀的生存空間遭受嚴重的壓縮，族群數量銳減，有在台灣滅絕的可能，實在值得大家投以更多的關心。

1. 山麻雀雄鳥背部赤褐色明顯。

1 | 2 3　2. 雌、雄鳥的羽色差異極大，幾乎是兩種不同的鳥種，雌鳥乳黃色的粗眉線是主要辨識特徵。

3. 雄鳥羽色略似麻雀但偏紅，且無麻雀之黑色頰斑。

灰喉山椒鳥
是高掛樹上的辣椒
Pericrocotus solaris

Profile

科別：山椒鳥科
生息狀態：留鳥
分布海拔：中、低海拔
棲息環境：森林
英文名：Gray-chinned

118

全世界的山椒鳥科鳥類約有七十種，分布於澳洲、非洲及亞洲的溫帶地區。此類鳥種體型修長，有些雌、雄鳥的顏色有很大的差異。在台灣比較普遍易見的約有四種，即灰喉山椒鳥、灰山椒鳥、黑翅山椒鳥、花翅山椒鳥，灰喉山椒鳥及花翅山椒鳥為留鳥，其中最容易看見的就是灰喉山椒鳥了。

灰喉山椒鳥舊稱紅山椒鳥，羽毛非常豔麗，雄鳥主要的顏色為鮮紅色，而雌鳥卻是鮮黃色，截然不同的兩種顏色，往往使得初學賞鳥者誤認為是不同的兩種鳥呢！修長的體型使得停棲在樹上的牠們，像一個個掛在枝頭上的鮮紅、鮮黃小辣椒。由於牠們的顏色太過鮮豔，像極了身著華麗戲服，濃妝豔抹的戲子，所以牠們也被叫做「戲班仔鳥」。

灰喉山椒鳥分布於低至中海拔山區，主要棲息於闊葉林的上層部分，常成群在樹梢間活動，偶爾會和小卷尾混群，在一起活動十分熱鬧。牠們飛行時呈波浪狀，一邊飛同時一邊發出又尖又細，類似「啾－啾－」的鳴叫聲，在野外十分明顯而易於辨認。

每年三至六月是灰喉山椒鳥的繁殖季節，牠們會在枝椏間築一小巧的碗形巢，孵卵、育雛的工作由雌、雄鳥輪流負責。雛鳥孵出後，我們更可以觀察到，忙碌的親鳥穿梭在枝椏間，努力捕捉昆蟲，帶回巢中去哺餵幼鳥。每次看到這樣的情景，都讓我感覺到父母對子女無私奉獻的愛心，實在是太偉大了。

1　2　3

1. 幼鳥羽色略似雌鳥，此為雄性幼鳥。
2. 育雛中的雌鳥，胸腹羽毛為鮮黃色。
3. 剛離巢之幼鳥。

環頸雉

在田裡拉長脖子警戒

Phasianus colchicus

Profile

科別：雉科

生息狀態：留鳥

分布海拔：低海拔

棲息環境：森林、田野

英文名：Ring-necked Pheasant

雉科鳥類既敏感又機警，能將華麗的身影掩蔽的非常好，一般人並不容易發現牠們。由於大部分雉科鳥類飛翔能力不是很好，容易因為地理上的隔絕，形成特有種或特有亞種的分化，台灣特有種黑長尾雉、藍腹鷴、深山竹雞就是明顯的例證；而環頸雉這種棲息在平地田野間的大型雉科鳥類，則是特有亞種。

環頸雉常在鄉間較密的草叢中活動，也會在旱田附近出現。牠以昆蟲和植物莖葉、穀類或植物種子為食，為雜食性鳥類。雌、雄鳥的外表差異頗大，雄鳥色彩豔麗，頸部有圈白色頸環，雌鳥則是一身樸實無華的棕褐色羽毛。雄鳥鮮豔的外表除了是要吸引雌鳥的注意外，更重要的目的就是要引開天敵，好讓雌鳥能安心孵蛋與育雛。

環頸雉的繁殖為一夫多妻制，雄鳥之間為了爭取雌鳥青睞，會利用尖尖長長的腳距互相打鬥。交配後，雌鳥會在濃密草叢中，利用身體將枯草壓成一個淺窩來做巢，牠一年可以生產三次，每一窩平均有六到十四個蛋，繁殖能力很強。

環頸雉廣泛分布於歐亞大陸的中南部，僅中國大陸就擁有九個不同亞種。台灣早年引進了不少高麗雉、日本雉等外來亞種，卻因逃逸或放生，使得野外經常可以看見外來環頸雉的身影；牠們和台灣亞種產生雜交後代，本土種源可能逐漸消失。除此之外，環頸雉生存的最大危機，是牠們在城市邊緣的棲息地因都市發展需要而逐漸被開發。想要在鄉間田野看見這種美麗的雉科鳥類，人類就應該保留生存空間給牠們，不是嗎？

1 | 2 3

1. 雄鳥沙浴，藉以去除羽蝨等寄生蟲。
2. 雄鳥在繁殖期間，常會炫耀其華麗之羽色。
3. 雌鳥羽色樸素，全身黃褐色，密布暗色斑點。

八色鳥
的美麗讓人魂牽夢縈

Pitta nympha

Profile

科別：八色鳥科
生息狀態：夏候鳥
分布海拔：低海拔
棲息環境：森林、溪流
英文名：Fairy Pitta

親鳥捕捉蚯蚓育雛。

記得我第一次看到八色鳥，是二十多年前在美濃的黃蝶翠谷，牠實在是一種非常漂亮的鳥類，讓我有驚豔之感，我從此魂牽夢縈，一直想要再拍到牠們。牠後來之所以會聲名大噪，全導因於八色鳥在台灣密度最高的繁殖地點——雲林湖本村與斗六湖山里，接連受到開採陸砂的威脅，以及湖山水庫的規劃、施工，面臨棲息地徹底摧毀的危機，因此引起保育人士之重視，群起呼籲大家來關注牠們的處境。經由不斷的報導，讓大家更認識牠們，也使其成為繼黑面琵鷺之後，另一個具保育指標的鳥類。

八色鳥並不是因為身上的羽毛有八種顏色，才這樣被命名的，而是牠在分類上就屬於八色鳥科，在中國大陸則被稱為仙八色鶇。牠是台灣普遍的過境鳥及不普遍的夏候鳥，主要出現於低海拔山區的密林深處。或許是牠主要的食物

是陸生螃蟹、昆蟲及蚯蚓等緣故，牠大多活動於溼度較高且陰暗的環境中。牠和其他出沒於較陰暗環境的鳥類如藍腹鷴、翠翼鳩、紫嘯鶇一樣，身上有能反射光線具金屬光澤的羽毛，這些羽毛是否具有傳訊上的功能或另有用途，是至今仍無法瞭解的。

八色鳥到台灣的主要目的是繁殖下一代，牠把巢築於地上或樹樁上，外形十分隱蔽，極不容易被發現。雌、雄輪流孵蛋，共同育雛，有人曾經拍到牠捕捉小蛇前去育雛的畫面，這和牠給人的印象是完全不能聯想在一起的。

八色鳥原本在台灣繁殖的數量不少，但因其美麗的外表，遭到大量濫捕，族群數量才因而大減。現在政府致力推行保育工作，我們期待「八色鳥的春天」能再回來，讓我們隨處都可以邂逅這種美麗的山中精靈。

| 1 | 2 |
| | 3 |

1. 親鳥育雛。
2. 即將離巢之幼鳥。
3. 離巢一週內的幼鳥仍活動在巢位附近。

黑頭群棲織布鳥

如何造出完美鳥巢

Ploceus cucullatus

Profile

科別：梅花雀科

生息狀態：台灣籠中逸鳥

分布海拔：低海拔

棲息環境：草原

英文名：Villiage Weaver

我們常會用「倦鳥歸巢」這一句成語，來形容一個出外遠遊，歷時多年後歸來的遊子。其實這是一句錯誤的形容詞，因為古人對於大自然的觀察不夠詳細，所產生的謬誤。一般來說鳥類都具有隨遇而安的特性，到處都可以休息，根本不需要也不會歸巢；因為鳥巢只是牠們在繁殖季節時，所建造用來孵卵、育雛的處所，大部分鳥類於繁殖結束後就荒廢任其毀損，因此絕不會發生倦鳥歸巢這一回事。

鳥類所築的巢，會因鳥種的不同，使用不同的巢材，而築出大小或形狀各不相同的巢，可說是千奇百怪。其中有一種鳥的巢是以植物纖維編織而成，堪稱為鳥類中最出類拔萃的編織家，這種鳥就是織布鳥。

在台灣為籠中逸鳥的黑頭群棲織布鳥，是非洲最常見的織布鳥，通常成群結隊在村莊附近的樹上活動及覓食，主要的食物是昆蟲及植物種子。

當繁殖季節到了以後，雄鳥就開始為築巢而忙碌。牠們以喙靈活地剝下樹皮纖維，並加上蘆葦等青草築成橢圓形巢，一側為巢室，另一側為入口，管狀開口垂直地懸在下方。等巢築好了，雄鳥會倒掛於巢下，拍打翅膀炫耀，以吸引雌鳥的青睞；如果雌鳥覺得雄鳥所築的巢不錯，就會飛入巢中，並接受雄鳥的求愛，開始共同繁殖下一代。織布鳥所築的開口向下的巢，除了可以防止蛇、鼠等小動物來偷盜牠們的卵外，連杜鵑這種專門托卵寄生的鳥類，都沒有辦法順利地把卵產到牠們的巢中，可說是最完美的鳥巢。

1 | 2 3
1. 雌鳥。
2. 正在努力築巢的雄鳥。
3. 築好巢後，以鳴叫聲吸引雌鳥入住。

小彎嘴

長 的 像 奸 臣

Pomatorhinus musicus

Profile

科別：畫眉科

生息狀態：留鳥

分布海拔：中、低海拔

棲息環境：森林

英文名：Taiwan Scimitar Babbler

捕捉攀木蜥蜴。

京劇是我國的傳統戲劇，有著悠久的歷史，其獨特唱腔、身段，可說是每說一句話都像在唱歌，每個動作都像在跳舞，具有極高的藝術價值。京劇最特殊的地方是利用臉譜來表達劇中人的個性和身分，例如關公畫紅臉表示其赤膽忠心，蓋蘇文是番邦大將，有藍臉與紅鬍子的扮像，象徵他兇惡勇猛，曹操的臉譜叫粉白臉，也叫奸白臉，跟秦檜的臉譜大同小異，畫這種臉的絕對沒有好人。

台灣的鳥類中，有一種鳥的頭上所擁有的花紋，很像國劇中奸臣的臉譜，所以被人稱為奸臣鳥兒，這種鳥就是在台灣鄉野間極為普遍的畫眉科鳥類——小彎嘴。

小彎嘴為台灣特有種鳥類，分布於全島從海平面至海拔二千七百公尺間之原始林、次生林或人工林的底層位置，其中又以海拔二百公尺至一千八百公尺間的次生林及原始闊葉林中，較常見到牠們的身影。

牠們常常聚集成小群，一起在樹林下的灌木叢或草叢中活動，偶爾也會飛

活動於濃密的灌叢中，不輕易現身。

到較低的枝椏上。牠們主要的食物有小型爬蟲類、昆蟲、蜘蛛、植物的花粉、花蜜及漿果等，可說是葷素不忌呢！在龍眼樹結果實的時候，常可見到牠們啄食成熟的果實，所以牠們又被一些人稱為「龍眼鳥仔」。

小彎嘴的繁殖期是在每年的四至六月間，牠們的鳥巢通常築在山泉或溪流附近，在離地約一公尺高的草叢或灌木叢中，以芒草之葉、穗、草莖或樹葉等為巢材，巢外觀呈橢圓形。每巢產二至三個純白色的蛋，雌、雄親鳥輪流孵蛋，

共同育雛。育雛時以動物性之食餌為主。

小彎嘴的性情羞怯，一般來說並不太容易發現，但因為牠們的鳴叫聲既嘹亮又婉轉多變，非常特殊且易於辨認，所以只要循著牠的叫聲前去尋找，就一定可以找到牠的身影。

1
2

1. 正在孵卵的小彎嘴。
2. 鳴叫聲嘹亮且婉轉多變，令人印象深刻。

灰頭鷦鶯

總是說氣死你得賠

Prinia flaviventris

Profile

科別：扇尾鶯科

生息狀態：留鳥

分布海拔：低海拔

棲息環境：草原、溼地

英文名：Yellow-bellied Prinia

常棲立於枝椏或蘆葦頂端鳴唱。

幼鳥索食。

褐頭鷦鶯與灰頭鷦鶯在外型與鳴叫聲都極為相似，不但習性相同、棲地也大多重疊，兩者之間卻沒有明顯的生存競爭，這實在是一件奇怪且值得探討的事情。

褐頭鷦鶯和灰頭鷦鶯一樣，在分類上都是屬於扇尾鶯科，但前者為台灣特有亞種，灰頭鷦鶯卻是普遍分布於亞洲的留鳥。灰頭鷦鶯的體型較小，因為頭部為暗灰色，所以白色眉線顯得特別明顯，這是主要的辨識特徵。牠的叫聲較為婉轉，不像褐頭鷦鶯那樣單調，鳴叫聲聽起來略似「氣死你得賠、氣死你得賠」，往往使人聽了覺得又好氣又好笑。

繁殖時，灰頭鷦鶯所築的巢較為講究，牠會用芒草的花穗來加以襯墊，不像褐頭鷦鶯大多只用細草莖編織而已。牠的巢型也較橢圓，不像褐頭鷦鶯那樣

剛離巢之幼鳥。

接近長筒形。但雌、雄一起築巢，輪流
孵蛋、共同育雛的情形卻是相同的。

　　這兩種鳥類，經常會出現在相同的
地方，下次如果遇上了，希望大家能仔
細觀察，說不定能解開牠們同在一個棲
位，卻沒有互相競爭之謎。

頭部鼠灰色，是與褐頭鷦鶯最容易區別的地方。

褐頭鷦鶯

也 是 築 巢 的 高 手

Prinia inornata

P r o f i l e

科別：扇尾鶯科

生息狀態：留鳥

分布海拔：低海拔

棲息環境：草原、溼地

英文名：Plain Prinia

在印度及非洲一帶，有一種鳥叫織巢鳥，是編織的能手，可以將鳥巢築得既精巧又細密，稱得上是巧奪天工。可惜台灣並不是牠們的分布地區，所以我們無緣見識到牠們那高超的築巢技巧。其實在台灣也有築巢功力不輸織巢鳥的鳥類，只是牠們通常把巢築在蘆葦或芒草叢中，外表十分隱密，一般人是無法發現牠們的巢位。牠們就是台灣平地常見的鳥類——褐頭鷦鶯。

褐頭鷦鶯又稱為台灣鷦鶯，是屬於扇尾鶯科的台灣特有亞種鳥類。牠的身體大致為灰褐色，胸腹部為黃白色，有一條幾乎比身體還長的尾部，外形極為特殊。牠們通常在草叢中活動，性情活潑、好動，常看到兩、三隻在相互追逐、遊戲。牠們並不很怕人，所以很容易觀察。

牠們的繁殖在三月至八月間，在這一段期間，常可看到牠們佇立在高枝上鳴唱，以宣示領域。配對以後，會以芒草的葉、花穗和乾草莖為材料，用牠們尖細的嘴當縫針，築出一個長橢圓形的巢，手藝之高超令人嘆為觀止。每巢平均產四個蛋，蛋的外觀上有著具光澤的灰藍色，並散布著棕褐色斑點，既小巧又可愛。雌、雄鳥輪流孵蛋、育雛。

褐頭鷦鶯族群普遍易見，只要到郊區就很容易可以觀察到牠們。如果發現了牠們的巢位，請不要太靠近，以免嚴重干擾牠們的繁殖活動。

1. 繁殖期間，勤於捕捉昆蟲育雛。

1 | 2 3　2. 剛離巢之幼鳥。

3. 入巢育雛之親鳥。

岩鷚
是不怕人的山巔之鳥
Prunella collaris

Profile

科別：岩鷚科

生息狀態：留鳥

分布海拔：高海拔

棲息環境：岩壁

英文名：Alpine Accentor

玉山是台灣第一高峰，海拔高度三千九百五十二公尺，因此攻上玉山山頂就成為每個登山客最嚮往的事情了。從前要爬玉山可不是一件容易的事，首先要由東埔走神木林道，或沿阿里山鐵道的塔塔加支線走到上東埔，通常這需要花費一整天的時間，所以得在上東埔休息一夜，第二天一早才從塔塔加登山口展開正式的攀登。現在因新中橫公路的開闢，接駁車可以直接載送到登山口，攀登玉山變得比較容易了，腳程夠快的人，甚至當天就可以來回。

登上玉山山頂後發現，在熾烈的光照射及強勁的狂風吹襲下，讓周遭幾乎寸草不生，只有在岩石縫隙中略見一些苔蘚生長而已。照理說，在如此惡劣的環境下，應該不見任何動物在此活動，但出人意料的是居然還有鳥類，這種能在絕域中棲息活動的鳥類就是岩鷚。

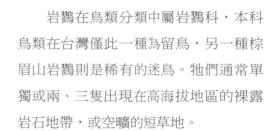

岩鷚在鳥類分類中屬岩鷚科，本科鳥類在台灣僅此一種為留鳥，另一種棕眉山岩鷚則是稀有的迷鳥。牠們通常單獨或兩、三隻出現在高海拔地區的裸露岩石地帶，或空曠的短草地。

岩鷚生性並不畏懼人，所以只要賞鳥者動作輕緩，通常可以近距離欣賞牠。特別是在合歡山棲息的岩鷚，因為終年人潮絡繹不絕，使牠們早已習慣與人共處了，而且牠們還常會跟隨在遊客身旁，等著撿拾掉落的食物碎屑呢。

當冬天來臨天氣轉冷，高山地區降起瑞雪後，積雪使得岩鷚覓食困難，這時牠們降遷至海拔二千五百公尺左右的山區度冬，等待來年春天積雪融化後，才會再回到高山；所以只要把握牠們降遷的這一段時間，在鞍馬山、塔塔加鞍部、南橫塔關山與檜谷一帶，就有機會可以欣賞到牠們的丰采。

1 | 2　3

1. 在草地上覓食。
2. 為台灣海拔分布最高的鳥種。
3. 生性並不畏懼人，會撿拾人類食物碎屑。

火冠戴菊

的小紅帽是爭奪配偶用的

Regulus goodfellowi

Profile

科別：戴菊科

生息狀態：留鳥

分布海拔：中、低海拔

棲息環境：森林

英文名：Flamecrest

火冠戴菊就像山紅頭、紅頭山雀等，頭頂上都長著紅色的羽毛，模樣像極了故事中的主角，可以說是鳥類中可愛的小紅帽。但是那頂小紅帽在平時總是深藏不露，不肯輕易示人的，只有在每年三、四月的繁殖季，雄鳥們為了爭奪配偶而互相威嚇時，才會顯露出來。

火冠戴菊在分類學中屬於戴菊科，全長約九公分，是台灣的二十七種特有種鳥類中，體型最嬌小的。牠們通常棲息於中、高海拔山區，經常出現的地方是針葉林的中、上層，冬季時會移棲至較低海拔的山區。牠們性情活潑好動，常在枝椏間不停地跳動，同時會經常與紅頭山雀、煤山雀等混成一個群體。

每年三、四月是阿里山櫻花開放的季節，盛開的櫻花，吸引許多昆蟲前來採蜜，對以昆蟲為食的火冠戴菊鳥來說，正是食物最豐盛的時候，這也是牠們選擇這一段時間來繁殖的最主要原因，因為豐盛的食物，才能確保下一代的順利生長。

每當繁殖時期，火冠戴菊都會忙碌的穿梭於櫻花叢之間覓食，所以要好好觀賞牠們的丰采，花季時到阿里山是一個不錯的選擇。

1　2　3

1. 頭頂的鮮豔羽毛只有繁殖期求偶行為時才會顯露。
2. 在天氣炎熱時，也會到淺溪邊水浴降溫。
3. 穿梭樹叢間覓食昆蟲，動作敏捷，甚難捕捉其身影。

紅尾鶲

的定點捕食可是出了名的

Muscicapa ferruginea

Profile

科別：鶲科

生息狀態：夏候鳥

分布海拔：中、高海拔

棲息環境：森林

英文名：Ferruginous Flycatcher

幼鳥頭、胸及背部具有明顯的斑點。

紅尾鶲是一種在中、高海拔山區極容易見到的夏候鳥，在分類學裡屬於雀形目鶲科；其實牠們並不全為夏候鳥，還有極少數為終年不離開台灣的留鳥，所以在冬天，仍然可以觀察到牠們，只是機會較少而已。

紅尾鶲大多分布於海拔一千至三千三百公尺間的闊葉林及針葉林山區，以三千公尺以下闊葉林或針闊混合林中較為普遍易見。牠的頭部暗灰色，身體及尾羽呈紅褐色，幼鳥的體色較淡，並有濃密斑點，當幼鳥躲在陰暗的樹叢中時，這些斑點看起來就像陽光透過葉縫所灑下的斑駁光點一樣，具有極佳的隱蔽效果。

紅尾鶲和其他大多數鶲科鳥類一樣，有「定點捕食」的習性。牠的眼睛很大、嘴寬，飛行技術又極為高超，可

以隨意變換飛行角度，這些都有助於牠在空中追捕飛蟲。牠經常棲息在獨立的高枝上，睜大眼睛四處張望，一旦有昆蟲飛過附近，牠立刻像戰鬥機一樣飛出掠食，並在空中把食物吞下。只不過一眨眼的工夫，牠又站回原來的棲枝，宛如什麼事也未曾發生，這樣高明的捕食技巧，看了真讓人佩服不已。

五、六月以後，就可以發現紅尾鶲剛離巢的幼鳥了；親鳥為了哺育幼雛，會更頻繁地去捕捉飛蟲，這時候也是觀察牠捕食的最佳時機。合歡山、鞍馬山、阿里山等兩千公尺以上的高山，樹林裡都有機會可以看見牠們，發現牠們時可要仔細欣賞牠那厲害的捕蟲絕技喔！

```
    |  2
 1  |
    |   3
```

1. 棲立枝頭搜尋經過的昆蟲，伺機獵捕。
2. 親鳥育雛。
3. 巢築得極為隱密，彷彿是植物本體似的不易被發現。

黃腹琉璃

像琉璃瓦般閃爍

Niltava vivida

Profile

科別：鶲科

生息狀態：留鳥

分布海拔：中海拔

棲息環境：森林

英文名：Vivid Niltava

146

大家應該看過寺廟、宮殿屋頂上的琉璃瓦吧？琉璃瓦有紅、黃、藍、綠等不同顏色，它們主要的特徵都是表面亮亮滑滑，在陽光照射之下閃閃發光，十分美麗。有一種鳥類，牠身上的羽毛也和琉璃瓦一樣，能在陽光的照射下閃爍出耀眼的藍色光芒，牠就是台灣的特有亞種鳥類——黃腹琉璃。

在台灣，黃腹琉璃大都出現在中、低海拔山區，常常單獨或零星小群在樹林的中、上層活動。牠們比較喜歡躲在樹蔭下，姿勢挺拔的佇立著，等待飛蟲的接近。追捕飛蟲後，牠並不像其他的鶲亞科鳥類一樣，會飛回原處。在山桐子、臭辣樹這些樹的果實成熟季節，牠也會成群啄食漿果，所以牠們是雜食性的鳥類。

黃腹琉璃並不像其他鳥類那樣怕人，不必透過高倍望遠鏡，就能近距離地輕易欣賞到牠們美妙的身影。雄鳥的頭部、背部的羽毛是寶藍色，腹部的羽毛橙黃色，就好像是一位穿著藍西裝、黃襯衫的紳士。雌鳥不像雄鳥那樣光彩奪目，卻像一個蓬頭垢面的炊婦，全身為不起眼的橄褐色，可千萬不能錯認為二種不同的鳥類。

黃腹琉璃鳴唱的聲音為一連串輕快的哨音，聽起來有點像「救人救自己，救人救自己」。在樹林中聽見這樣的聲音時，只要仔細尋找，一定可以發現牠們美妙的身影。

1 | 2 3

1. 在野外數量不普遍，除了結果期外較難發現。
2. 雌鳥羽色樸素，頭頂、背部略帶藍色。
3. 雄鳥羽色鮮豔，以黃藍色為主。

茶腹鳾

是台灣最會爬樹的鳥類

Sitta europaea

Profile

科別：鳾科

生息狀態：留鳥

分布海拔：中海拔

棲息環境：森林

英文名：Eurasian Nuthatch

如果問人：「在台灣哪一種鳥類最會爬樹？」相信大家都會異口同聲地回答「是啄木鳥！」其實這個答案並不正確，因為啄木鳥只能向上爬，如果要後退，也只能頭朝上尾向下，慢慢地往下挪動；不像茶腹鳾，牠不但能頭朝上向上爬，也能頭朝下向下走，似乎一點都不會受到地球引力的影響，所以牠才是台灣最會爬樹的鳥兒。

茶腹鳾屬鳾科，是台灣普遍的留鳥，通常棲息在中、高海拔地區，喜好在樹林的中、上層區域活動。牠們的體型嬌小，嘴尖而長，尾短，卻有一雙發達的大腳。茶腹鳾和啄木鳥一樣，都是屬於攀禽類，但牠不像啄木鳥必須借助尾羽來支撐身體以幫助攀登，牠們靠的就是那雙強健的腳，才能橫衝直撞地在樹上繞來繞去，找尋附著在樹上的昆蟲為食。

每年夏天是茶腹鳾繁殖的季節，牠們通常利用天然的樹洞或啄木鳥用過的巢洞；如果洞口太大，親鳥會細心的銜來溼泥，將洞口填塞變小，以防止天敵的入侵。孵卵的工作主要由雌鳥負責，雄鳥則到處找尋食物回來餵哺。當幼鳥孵出後，雌、雄鳥輪流餵食，直到幼鳥發育完成，可以飛行時，親鳥才會啄開泥土，讓幼鳥順利地離巢。離巢初期，幼鳥大多留在巢位附近的樹上，並接受親鳥的餵食，並不能馬上獨立生活。

如果想觀賞這種奇特的鳥兒，可到鞍馬山、八仙山、梨山、武陵農場或南橫天池等中海拔山區，在森林中的樹幹之間仔細找尋牠們。

1 | 2　3

1. 利用樹洞為巢繁殖下一代。
2. 能夠頭上腳下，在樹幹間行動自如。
3. 茶腹鳾為台灣唯一的鳾科鳥類。

大冠鷲

擁有一身梅花鹿紋

Spilornis cheela

Profile

科別：鷹科

生息狀態：留鳥

分布海拔：中、低海拔

棲息環境：森林

英文名：Crested Serpent-Eagle

立於巢中，展翅練飛的幼鳥。

台灣在早期漢人尚未大量移民之前，因為擁有蓊鬱的森林，所以被稱之為「福爾摩沙」，意即為美麗之島。島上的平原地帶，有許許多多的梅花鹿奔躍其中，牠們的毛皮上擁有許多像梅花一樣的美麗斑點，深受人們喜愛，因而慘遭大量的捕殺，短短的數百年間就從野外滅絕了。如今我們只能在鹿港、鹿耳門、鹿寮、鹿野……等地名中，去想像當年的盛況了。

在台灣的天空中，也有一種鳥類，身上的羽毛就遍布著像梅花鹿一樣的白色斑點，因而被一些獵人稱為「鹿紋」，這種鳥類就是台灣尚稱普遍的留鳥──大冠鷲。

大冠鷲體長約七十公分，屬於大型的鷹科鳥類。牠是台灣的特有亞種鳥類，大多分布於中、低海拔，從海拔二百公尺至二千四百公尺間的森林地帶，尤其以林相完整的低海拔山區最為普遍。牠們通常單獨或以二、三隻的小群出現在天空。每年二至六月分的繁殖季節，偶爾有機會發現十數隻的大群體出現在空中。

佇立高枝，利於監視地面獵物的活動。

1999 年我在陳威勝先生的指引帶領下，於墾丁社頂公園第一次拍攝到大冠鷲的繁殖行為。不幸的是在第三次前往拍攝時，意外墜崖，雙腳俱斷，兩天兩夜後才獲救，但左腳也因此成殘，留下了終生的遺憾。雪上加霜的是兩、三年後，聽聞一位擁有高學歷的周姓攝影者，誣指我未經同意，逕行前往拍攝，以致摔落，這種惡意指控，至今仍讓我忿忿不平。

大冠鷲因其頭頂具有羽冠，在威嚇或捕獵時，常會聳起以增加氣勢，牠就是因為擁有這樣的特徵而得名。大冠鷲最愛吃的食物就是蛇類，因為嗜食蛇類，所以也有人稱牠為蛇鷹。在冬季蛇類較少之時，牠也會捕食鼠類、蜥蜴、蛙類和蟹類等動物作為食物。

大冠鷲飛行在天空之時，常會發出一連串近似「忽悠－忽－忽悠」嘹亮卻帶著蒼涼的鳴叫聲，一聽到這個叫聲，只要抬頭向天空望去，一定可以發現牠的蹤跡。

1 | 3
2 | 4

1. 白毛期幼鳥需要親鳥哺餵。
2. 雌、雄親鳥一同入巢，只有在繁殖初期才較容易觀察到。
3. 親鳥與幼鳥，幼鳥已脫離絨毛期。
4. 自行吞食蛇類之幼鳥。

白環鸚嘴鵯

酷愛漿果

Spizixos semitorques

P r o f i l e

科別：鵯科

生息狀態：留鳥

分布海拔：中、低海拔

棲息環境：森林

英文名：Collared Finchbill

在枝頭上爭食。

鳥類中鸚鵡的嘴極為粗厚，這是因為牠們需要用嘴咬開堅果，取食其中的種仁。在台灣嘴型較為粗厚的鳥類，往往會被冠以「鸚嘴」之名，如粉紅鸚嘴、黃羽鸚嘴等等。白環鸚嘴鵯全長約十九公分，頭部及後頸為石板灰色，除了胸腹的顏色較偏黃綠色外，整體羽色為橄欖綠色，頰及耳羽下方有白色的條紋。粗厚的喙和頸部明顯的白色環帶，就是牠被稱為「白環鸚嘴」的主要原因。

白環鸚嘴鵯為台灣特有亞種鳥類，和白頭翁、烏頭翁、紅嘴黑鵯一樣，都是屬於鵯科鳥類。這些鳥類都生存於低海拔山區，族群數量也非常普遍，甚至連食性都差不多。如果這些同質性很高的鳥，都棲息在同一個環境的話，勢必因為地盤及食物的爭奪，而發生激烈的競爭。上述這些鳥類，除了白頭翁和烏頭翁之間，有地理隔絕的現象外，其他各種鳥類，在同樣的一個環境區裡，各自分占不同的區域。

白頭翁以開闊的農地或市區為主要的棲地，白環鸚嘴鵯以山邊的次生林為活動範圍，而紅嘴黑鵯則更深入森林中

專心一意的啄食柿子。

利用前述二種不接近的樹冠層活動，並可延伸至更高海拔地區。這種方法很聰明的避開與其他鳥種可能發生激烈的生存競爭，這樣隔離的方式，在生態學上稱之為「生態隔離」。

白環鸚嘴鵯嗜食漿果，當山區的柿子、雀榕等果實成熟時，往往可以發現牠們聚集在樹上覓食。這時樹上除了牠們以外，還會發現五色鳥、白頭翁、樹鵲等鳥類。這些鳥類以五色鳥最兇，只有體型碩大的樹鵲不敢招惹，白頭翁最可憐，所有的鳥類都會驅趕牠們，所以只能乘機偷食。白環鸚嘴鵯一方面要趕走白頭翁，另一方面要防範五色鳥來驅趕，同時牠們彼此之間也會互相驅趕，所以枝頭上總是喧鬧不已，令人目不暇給。

當秋季來臨，也正是柿子成熟的季節，可以在山區，找一棵柿子樹來好好觀察，一定會發現白環鸚嘴鵯這種貪吃水果的小鳥前來造訪。

1
　2

1. 親鳥育雛。
2. 嘴粗厚，類似鸚鵡，故有山鸚哥之俗稱。

山紅頭
戴著小紅帽
Cyanoderma ruficeps

Profile

科別：畫眉科

生息狀態：留鳥

分布海拔：中、低海拔

棲息環境：森林

英文名：Rufous-capped Babbler

巢築於灌叢之中，極不易被發現。

頭頂羽毛栗紅色，宛如戴了一頂小紅帽，特徵明顯。

在野外有一些鳥類頭頂著紅色的羽毛，樣子長得很像童話故事「小紅帽與大野狼」中的小紅帽，牠們就是火冠戴菊鳥、紅頭山雀與山紅頭。

山紅頭是屬於畫眉科的台灣特有亞種鳥類，身長約十一公分，是一種小型鳥類。牠全身的羽毛大致為十分樸素的欖褐色，這也使得牠頭頂上的栗紅色顯得格外醒目，而山紅頭的名稱，也就是由牠的小紅帽而來。

山紅頭主要分布於全台平地至中海拔山區的樹林底層或灌叢中，個性極為活潑好動，常成小群出現，穿梭於樹叢之間。由於牠的動作實在太快，加上又毫不停歇的活動於濃蔭深處，一般人要完全看清楚牠的模樣，還真不是一件容易的事呢！

每年的四至七月，是山紅頭繁殖的季節，牠們在離地不到一公尺的灌木或草叢中，以竹葉、草莖或樹葉築成橢圓形的鳥巢，每巢約產三、四個外表為白色，雜有土褐色細紋的蛋，孵卵的工作

成小群穿梭於灌叢間，動作快速，不易捕捉身影。

由雌、雄鳥共同負責。雛鳥孵化後親鳥們就開始忙著找尋食物，四處捕捉蜂、蛹、蛾、蝶、青蟲或蜘蛛等來育雛，直至雛鳥順利成長離巢為止。和其他畫眉科鳥類來作比較，牠們在繁殖的過程中，對干擾的耐受度較高，很少會棄巢。

　　曾經觀察過山紅頭繁殖的人，一定會對牠們的勤奮和盡責，留下極為深刻的印象。

巢與卵。

金背鳩
在陽光下閃耀金光
Streptopelia orientalis

Profile

科別：鳩鴿科

生息狀態：留鳥

分布海拔：中、低海拔

棲息環境：森林

英文名：Oriental Turtle-Dove

在以前開放打獵的年代，斑鳩是重要的狩獵目標，因斑鳩的體型較大，數量又多，所以每一次狩獵，都可以有很好的收穫。獵人們以閩南語稱呼斑鳩為「斑甲」，並依照其體型大小分為小斑──紅鳩、中斑──珠頸斑鳩與大斑──金背鳩三種。

金背鳩棲息在中、低海拔山區，是台灣特有亞種鳥類，全長約三十公分，頭部略帶鼠灰色，頸、胸及軀體灰褐色，背部及肩羽呈石板黑色，羽緣鏽紅色則是最主要的辨識特徵。鏽紅色的羽緣，在陽光照射下，遠遠望去宛如金光閃耀一般，因此被命名為金背鳩。牠的形態、大小和珠頸斑鳩極為相似，感覺上似乎比珠頸斑鳩略為肥胖，但不透過望遠鏡觀察，實在很不容易清楚的分辨出來。

金背鳩喜歡選擇靠近山的坡地，或附近的農田作為棲息地，通常成對或三、五隻成小群活動。牠的警覺性遠較其他鳩鴿科鳥類為高，略有異狀即展翅高飛，起飛時拍翅的聲音很大，飛行也頗為快速。

所有的鳩鴿科鳥類幾乎都是素食主義者，金背鳩自然也不例外，主要以植物的種子、果實為食。繁殖時同樣是由雌、雄鳥輪流孵蛋共同育雛，育雛時親鳥會從嗉囊分泌出來一種俗稱「鴿乳」的營養物來餵養幼雛。看到幼鳥努力的把頭伸入親鳥口中取食的模樣，真是讓人覺得既溫馨又有趣呢。

1. 巢與幼鳥。

1 | 2 3　2. 水浴可以清潔羽毛及去除寄生蟲。

3. 背部羽毛在陽光照耀之下，好像會閃閃發光似的。

紅鳩
的性別看顏色分辨
Streptopelia tranquebarica

Profile

科別：鳩鴿科

生息狀態：留鳥

分布海拔：中、低海拔

棲息環境：田野、公園

英文名：Red Collared-Dove

不知道你們是否養過鴿子，養鴿子是一種有趣的活動；當鴿子馴養以後，你把牠帶到遠方放飛，牠還是會再飛回來。從前就是利用牠們的這種特性來擔任傳送信件的任務，因而稱牠為「信鴿」。鴿子是屬於鳩鴿科鳥類，紅鳩也是屬於鳩鴿科鳥類，在台灣約有十二種鳩鴿科鳥類，全長二十三公分的紅鳩是其中體型最小，但族群數量卻最多的一種。

大多數鳩鴿科鳥類雌、雄外型相似，不易分辨，而紅鳩的雌、雄鳥外型上卻略有不同；雄鳥的頭、頸部為鼠灰色，背及胸腹部則為紅褐色，後頸還有黑色的頸環，雌鳥羽色則較接近灰褐色，頸環較細、較淡，在野外是很容易分辨的。

紅鳩的繁殖是雌、雄鳥共同負責，牠們通常會選在枝葉濃密的闊葉林築巢，巢以細樹枝為主幹，內襯以草莖、羽毛等巢材，外型頗為簡陋。雌鳥一般會產下兩枚潔白且沒有任何斑點的卵，幼鳥孵化後，親鳥會餵以鴿乳。

紅鳩以植物的果實、種子為主要食物，所以當牠們大量繁殖並集結於農田時，不免會損壞農作物，但牠們又同時覓食大量的野草種子，可以有效地抑制野草的蔓延、生長，所以牠們究竟是害鳥還是益鳥，就很難加以斷定了。

紅鳩在台灣地區的分布，以南部地區族群數量較多，如果有機會到南台灣旅遊時，不妨到田野間去仔細觀察，一定可以看到成百上千的紅鳩，聚集在一起的壯觀畫面。

1　2　3
1. 巢築於較空曠、明顯的處所。
2. 雌鳥體羽灰褐色，頸環較細。
3. 雄鳥身體為醒目的酒紅色，故又被稱為火斑鳩。

黑長尾雉

是迷霧森林中的王者

Syrmaticus mikado

Profile

科別：雉科
生息狀態：留鳥
分布海拔：中、高海拔
棲息環境：森林、山地
英文名：Mikado Pheasant

雄性亞成鳥外型略似雌鳥。（已部分換成雄鳥羽色）

台灣是一個多山的海島，超過三分之二面積屬於山地，由於崇山峻嶺的阻擋，有效地把氣流所帶來的水氣留在山區，成為一個生機盎然的亞熱帶高山島嶼生態體系。海拔二千公尺左右的山區，正是台灣氣候轉變最精采的地帶。一般來說，季風區山地的雨量隨海拔升高而增加，大約二千公尺為降雨量的最大值，這裡的溼度很高。山谷間的潮溼空氣受到日照後，形成霧氣蒸騰而上，瞬間瀰天蓋地，人在其中看不見數公尺外的景物。因終年常處於雲霧繚繞之中，所以本帶森林又有「霧林」之稱。而在這個山嵐瀰漫的縹緲世界裡，孕育著一種極為珍貴的鳥類——黑長尾雉。

黑長尾雉之所以為人所得知，緣起於西元 1906 年英國著名的鳥類採集家古費洛（Walter Goodfellow），在阿里山採集鳥類時，無意間發現原住民頭上的頭飾，有兩片未曾見過的雉類長尾羽，古費洛帶回英國研究後，發表為台灣特有新種；當時，台灣是日治時代，為了紀念日本天皇，而採用「帝」之名，稱為帝雉。然而，台灣光復後脫離日本殖

繁殖期開始時，雌鳥會驅逐自己的雌性後代，以避免近親交配。

168

民統治，自不宜再延用「帝雉」的名稱，而改以黑長尾雉稱之。

黑長尾雉分布於台灣中、高海拔山區，棲息於原始針闊葉混合林或針葉林之底層。以蕨類、野草莓或植物嫩芽、根及昆蟲等為食。習慣於晨昏在森林邊緣或草原覓食，在陰雨天或大霧瀰漫時也會出現，由於黑長尾雉步履安詳，舉止雍容華貴，也有人稱牠為「迷霧中之王者」。

黑長尾雉大多出沒於山區林道，一般人並不容易看見牠，唯有在玉山國家公園塔塔加遊客中心附近的新中橫公路路段，經常可以看見牠們在路邊覓食，堪稱是最容易發現牠的地點之一。如果大家有興趣觀賞這種既神祕又美麗的鳥類，不妨到塔塔加地區去尋找牠們吧！

黑長尾雉步履安祥，舉止從容，有帝王風範，故被稱為迷霧中之王者。

黑綬帶鳥

的尾羽超長，藏在蘭嶼森林中

Terpsiphome atrocaudata

Profile

科別：王鶲科

生息狀態：留鳥（蘭嶼）

分布海拔：低海拔

棲息環境：森林

英文名：Black Paradise Flycatcher

如果有機會從飛機上眺望蘭嶼的話，你會發覺它是一個非常美麗的人間仙境，翁鬱蒼翠的森林，幾乎覆蓋了整個島嶼，蘭嶼真可說是一顆綠色的海上明珠。整個蘭嶼能維持完整的自然生態，和島上原住民達悟族的生活方式，有極大的關係。他們日常生活中的食、衣、住、行等均採自給自足方式，適度利用自然資源，絕不會有浪費資源的事情發生。蘭嶼屬於熱帶型氣候，終年高溫多雨，島上地形及氣候變化多端，孕育了近千種的植物。稀有且珍貴的黑綬帶鳥便生活在蘭嶼陰溼、濃密的常綠闊葉林與熱帶雨林中。

黑綬帶鳥在分類上屬雀形目王鶲科。牠們主要棲息在蘭嶼或綠島的原始森林中，多出現於山區、丘陵，附近有小溪、河溝、山泉等水源的向陽坡闊葉林緣或是林中空地活動。雄鳥的尾羽極長，穿梭飛行在樹林中時，姿態極為優美。牠們性情羞怯，多藏匿於樹叢中，常在樹枝上跳來跳去。主食鱗翅目、雙翅目及同翅目昆蟲，在空中捕食飛蟲，且有定點捕食的習慣。

黑綬帶鳥的繁殖期為每年四至五月，牠們以植物的細根、纖維、苔蘚及蜘蛛絲等為材料，築杯型巢於離地一至三公尺的樹枝上，由雌、雄鳥輪流孵蛋，共同育雛。

到蘭嶼旅遊時，除了飽覽秀麗的風光，體驗達悟人的生活外，別忘了溯溪到森林中去找尋美麗的黑綬帶鳥。

1 | 2 3

1. 雌鳥臥巢孵卵
2. 育雛
3. 棲立高枝，伺機捕捉飛蟲。

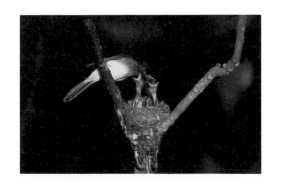

紅頭綠鳩
只在墾丁與台東出沒
Treron formosae

Profile

科別：鳩鴿科

生息狀態：留鳥

分布海拔：低海拔

棲息環境：森林

英文名：Whistling Green-Pigeon

172

記得上次拍到紅頭綠鳩是在十多年前，那一次在匆促間只拍了六張幻燈片，後來雖然也有機會看到牠，但都是驚鴻一瞥，根本沒有機會再拍到牠們，由此就可以知道，牠們有多珍貴和稀有了。

紅頭綠鳩屬鳩鴿科，為台灣特有亞種鳥類，族群數量稀少，分布範圍局限於屏東墾丁地區、台東及蘭嶼、綠島等地。紅頭綠鳩雄鳥的外形、羽色，和綠鳩極為相似，差別只是在紅頭綠鳩的頭頂部分為橙紅色及胸、腹部綠色部分範圍較廣而已，若不仔細觀察，很容易誤認。

2003年初得到墾丁的友人通知，有一群紅頭綠鳩出現在他住家附近，每天都飛來雀榕樹上覓食。我在第一時間趕到那兒，不但拍到了牠們，而且經過詳細觀察，對牠們的生態行為有了初步的認識。

當牠們飛落至雀榕樹上以後，會先為了爭取最佳的覓食位置，彼此大打出手，完全和我們以往所認定「和平鴿」的印象大相逕庭。樹上總要喧擾過好一陣子，才會恢復平靜，這時牠們會各自選好位置，大口大口地吞食雀榕的果實。等到吃得差不多，就往樹葉濃密處一鑽，休息去了。這時牠們那一身濃綠的羽色，就是最佳的保護色，除非是很細心的賞鳥者，否則很難發現牠們的行蹤，這或許是我們認為牠族群數量稀少的主要原因吧！

1 | 2 3
1. 雌鳥全身濃綠，頭頂及肩無紅色。
2. 喜食雀榕漿果，常見其大口吞食。
3. 經常成群活動。

綠鳩

到山谷裡聽叫聲找尋綠鳩

Treron sieboldii

P r o f i l e

科別：鳩鴿科

生息狀態：留鳥

分布海拔：中、低海拔

棲息環境：森林

英文名：White-bellied Pigeon

在台灣的低、中海拔山區，有許多地方以種植梅樹、賞梅聞名，如台南市楠西區的梅嶺及南投縣信義鄉的風櫃斗等地，每年一、二月間梅花盛開時，舉目望去一片雪白，加上處處暗香浮動，令人心曠神怡，往往吸引許多訪花的遊客。

當梅花謝了以後，遊客不再造訪，梅樹上開始結出一個個小小的綠色果實。此時綠鳩就會成群飛來啄食梅實，正是觀賞這種極度害羞鳥類的最好時機了。

綠鳩屬鳩鴿科，和一般常見的鴿子間具有極近的血緣關係。如同牠們的名字「綠鳩」一樣，牠們的身體大部分為綠色，腹部顏色稍淡。雄鳥羽色比較鮮豔，肩膀羽毛為血紅色，這些部分和雌鳥稍微有些不同，但一般來說，兩者之間的差異並不算太大。

綠鳩主要棲息於低、中海拔山區的原始闊葉林中，平時都是成群活動，只有在繁殖期間才會配對成雙出沒。繁殖時和其他鳩鴿科鳥類一樣，綠鳩的巢也只是用一些細小的樹枝搭建而成，外表十分簡陋。不過在築巢地點的選擇上，倒是具有多樣的變化，從二、三十公尺高的樹冠層、麻竹梢，到一、二公尺的灌叢中，都曾發現牠們的巢。在繁殖的過程中，雌、雄親鳥會輪流孵蛋及育雛，是一對盡職的雙親。

由於牠們的羽色與周遭環境相似，人們不太容易在枝椏之間發現牠們的身影。但是牠們響徹山谷，「嗚—哇嗚」的鳴叫聲低沉悠遠，卻成了找到牠們的最好指標，只要循聲前往找尋，往往就可以發現牠們了。

1　2　3
1. 雄鳥與剛離巢之幼鳥。
2. 正在臥巢孵卵之雌鳥。
3. 雌鳥無紫紅色肩羽。

鷦鷯

雖是小不點，聲音卻響徹山谷

Troglodytes troglodytes

Profile

科別：鷦鷯科
生息狀態：留鳥
分布海拔：高海拔
棲息環境：森林、岩壁
英文名：Eurasian Wren

每年春、夏之交，在台灣海拔三千公尺以上的山區，經常會聽到一陣陣持續不斷的鳥鳴聲，聲音不但婉轉悅耳，而且嘹亮無比，簡直響徹了整個山谷。

第一次聽到這種鳥鳴聲的遊客，常誤以為是哪一種大型鳥類所發出的鳴叫聲，往往要循聲前去尋找時，才赫然發現，原來是這樣一隻「小不點」的鳥兒在鳴唱。

這種「小不點」的鳥兒叫鷦鷯，在分類上屬鷦鷯科，是台灣特有亞種鳥類，全長僅有九公分。分布於海拔二千至三千公尺左右的高山地區，主要棲息於茂密的灌木叢或箭竹叢中，風化的岩石隙縫中亦能發現其蹤跡。

鷦鷯的全身羽毛為赤褐色，背、腹部及尾部有暗色橫斑，活動時常把尾翹得高高的，模樣實在可愛。牠們是一種既活潑又害羞的鳥類，大部分時間都躲藏在灌叢中或礫石下，找尋昆蟲及其幼蟲為食，有時也覓食蜘蛛等小型動物或植物嫩芽及漿果等食物。

秋、冬以後，高山上氣候逐轉冷，食物來源明顯變少，牠們會降遷至海拔二千公尺左右的地區度冬。這時在較為溫暖的地帶，有山泉與溪流的沿岸，比較容易發現牠們的蹤跡。在這一段時間牠們已不再鳴唱了，極具隱蔽效果的羽毛，使得牠們不容易被發現。在這個時候就只有最具經驗的觀鳥人，才有可能找到牠們了。

所以要觀賞牠們，就要把握牠們在繁殖期間經常佇立枝頭忘情鳴唱的特性，把握這一段時間，到高山上去找尋牠們吧。

1. 鳴叫聲婉轉嘹亮，響徹山谷。
1 | 2 3　2. 在礫石灌叢間覓食。
3. 體型圓胖，尾羽上翹，模樣可愛。

白頭鶇

的魅力十足

Turdus poliocephalus

Profile

科別：鶇科

生息狀態：留鳥

分布海拔：中海拔

棲息環境：森林

英文名：Island Thrush

對賞鳥人來說，白頭鶇是一種非常神祕的鳥類，牠就像神龍見首不見尾，只有少數幸運兒才有機會欣賞到牠的丰采。因為牠出現的機會很少，所以人們對牠的生態、習性並不十分瞭解。

白頭鶇在分類上是屬於雀形目鶇科，為台灣不普遍的留鳥，多出現於海拔一千至三千公尺間的闊葉林區，一般以二千公尺以下的地區較容易發現。以發現頻率來統計，白頭鶇有明顯的區域性分布現象。目前較有把握可以觀察到的地方有中部的鞍馬山、溪頭，南部地區的扇平及南橫沿線的禮觀附近。

大家對於白頭鶇的觀察及研究並不多，在少數觀察記錄中發現，牠們會成群出現，啄食成熟的山桐子及赤楊的果實。牠們的群體裡，有時會混雜著其他鶇科的鳥類，共同組成一個龐大的鳥群。

白頭鶇雌、雄鳥的外形差異頗大，

雄鳥的頭、頸是純白色，雙翼及尾部為黑色，胸部羽毛黑褐色，腹部為紅褐色，加上黃色的嘴及腳。雌鳥頭至背部都是欖褐色，臉頰及喉部白色，並且夾有褐色縱紋，整體羽色比雄鳥淡。

西元 2001 年，在鞍馬山林道二十三公里附近的山桐子成熟時，意外出現了一群白頭鶇，數量多達十餘隻。消息傳開之後，立刻吸引全台各地許多賞鳥與鳥類攝影者前來。經過計算，最多的時候竟然有四十三隻望遠鏡頭同時對準白頭鶇拍攝，連電視台也前來採訪並播出當時的情況，真可以用盛況空前來加以形容。

這是當年，尚在使用軟片的時代，較難拍攝鳥類作品，所以拍鳥人口並不多，時至今日數位時代，容易上手的特性，幾乎人手一機，加上通訊軟體發達，一、二百人同時拍一隻鳥的畫面，也就屢見不鮮了。

1 | 2 3

1. 雌鳥羽色較淡，頭部羽色斑駁，非全白。
2. 為台灣不普遍之留鳥，平時不易發現。
3. 山桐子結實時，可見其成小群出現覓食。

棕三趾鶉

爸爸包辦孵蛋育雛工作

Turnix suscitator

P r o f i l e

科別：三趾鶉科

生息狀態：留鳥

分布海拔：低海拔

棲息環境：田野、森林

英文名：Barred Buttonquail

180

大家應該都吃過鵪鶉蛋吧，鵪鶉蛋小小的，但吃起來味道非常鮮美，因此還有人專門養殖鵪鶉生產鵪鶉蛋，以供應市場的需求。野生的鵪鶉在台灣是屬於稀有的過境鳥，野外非常不容易被觀察到。倒是另外有一種棕三趾鶉，在野外極為普遍，外形和習性又與鵪鶉頗為相似，一般人無法分辨其中差異，所以都認為牠們是鵪鶉，其實鵪鶉是屬於雞形目雉科鳥類，與棕三趾鶉是完全不同目也不同科的。

棕三趾鶉又名台灣三趾鶉，屬鶴形目三趾鶉科，為台灣特有亞種鳥類。牠們普遍分布於全島各地，從平地至海拔一千二百公尺間的乾燥草原地區，都可以發現其蹤跡。主要的食物為植物的嫩葉、嫩芽、草籽及昆蟲等，是屬於雜食性的鳥類。

棕三趾鶉的性情非常機警，全身的羽毛顏色和花紋又極具有隱蔽的效果，一旦有人接近牠們，牠們就先把身體貼在地上不動，不讓人注意。要是人們實在太過於接近，牠們會倉皇起飛，飛到附近的草叢中後逃走，這時往往會把人嚇一大跳，所以要去尋找這種鳥類時，一定要特別注意，可不要被牠們嚇著了。

棕三趾鶉雌、雄鳥的外型特徵和大多數的鳥類不同，雌鳥的體型較雄鳥大，色澤也較美。在繁殖季節雌鳥會互相打鬥，以爭取雄鳥。牠們築巢於草叢中的地面上，巢的外型很簡陋，每次產四個蛋，雌鳥產下蛋後，孵蛋和育雛的工作，完全交由雄鳥負責，這樣反其道而行的繁殖行為很奇特，頗值得觀察。

1 | 2 3
1. 剛破殼之幼鳥。
2. 孵卵及育雛工作完全由雄鳥負責。
3. 巢與卵

戴勝

真的是啄棺木的恐怖鳥類嗎？

Upupa epops

Profile

科別：戴勝科

生息狀態：冬候鳥、留鳥（金門）

分布海拔：中、低海拔

棲息環境：草原

英文名：Eurasian Hoopoe

相信大家都看過美國西部的槍戰片，在我們那個年代可是相當風行。西部片裡有一大部分是描寫美國拓荒者和紅人，也就是印地安人之間的戰爭狀況。影片中的印地安酋長戴著鳥類羽毛編成的帽子，騎在馬上顯得威風凜凜，讓敵人望而生畏。有一種鳥類，警戒時頭上會聳著和印地安酋長的帽子一樣的羽冠，黑色的飛羽上，長著一條條白色的橫斑，飛行時，翅膀拍動的樣子，就像一隻花蝴蝶。這種奇特的鳥類，就是台灣稀有的過境鳥——戴勝。

戴勝屬於佛法僧目戴勝科。全身都是黃褐色羽毛，嘴細長而略為下彎，常單獨出現在海岸附近的農耕地帶，草原或半開墾的林地。在台灣地區戴勝極為罕見，反而是在離島如蘭嶼、綠島及澎湖等地較易發現，與大陸毗鄰的金門，則是經常可以看見的留鳥。

戴勝在繁殖時，通常利用樹洞或建築物的孔穴為巢。幼雛的排泄物，吃剩的食物，都堆積在巢洞中，弄得整個鳥巢臭氣熏天，所以牠又被稱為「臭姑姑」。

牠在金門被人們視為不吉利的鳥類，一般人都很討厭見到牠，這其實是牠覓食方式所引起的誤解。戴勝通常是在草地上、枯樹幹或農田裡，用牠長長的嘴去啄食昆蟲。大家看到牠在墳地裡覓食，偶爾也會啄食露出地面、已腐朽的棺材上的昆蟲，在沒有仔細觀察下，以訛傳訛的結果，就變成牠是一個啄棺木、吃死屍的鳥類了。

其實戴勝不但外表奇特值得觀賞，而且會替我們除去害蟲，是一種有益於農作物的鳥類。有機會的話，大家可要替牠們洗刷不白之冤哦！

用長長的喙在草地上啄食昆蟲之幼蟲。

聳起羽冠時，都會予人以驚豔之感。

台灣藍鵲

就是美麗的長尾山娘

Urocissa caerulea

Profile

科別：鴉科

生息狀態：留鳥

分布海拔：中、低海拔

棲息環境：森林

英文名：Taiwan Blue-Magpie

台灣的鴉科鳥類中，分為長尾巴的鵲和短尾巴的鴉兩大類，台灣藍鵲是鴉科鵲屬鳥類中，尾羽最長的一種鳥類。

台灣藍鵲是台灣特有種鳥類，通常成小群出沒於中、低海拔山區的闊葉林及次生林中，以植物果實為主要食物，特別喜歡啄食木瓜；山區木瓜成熟時，常會吸引大批台灣藍鵲造訪。除了果實以外，牠還會捕食鳥類、蛇、青蛙及小型哺乳類，牠可說是相當凶猛的掠食者，跟牠優雅的外型是完全不相襯的。

台灣藍鵲可說是台灣最漂亮的鳥類了，紅色的嘴和腳，配上全身寶藍色的羽毛，黑色的頭胸部著鮮黃色的眼睛，加上修長的尾羽，整體造型實在飄逸、脫俗，要不是牠們的鳴叫聲是粗啞的「嘎－嘎－」聲，還真會讓其他鳥類抱怨上帝太偏心了呢！

台灣藍鵲在活動時，大多以小群體進行，牠們經常一隻接著一隻，採直線方式飛越山谷，聲勢非常壯觀，見到人都稱之為「長尾陣」，這是因為台灣藍鵲又有「長尾山娘」俗稱的緣故。

台灣藍鵲的繁殖方式是採用幫手制度，親鳥以前所生的孩子，在繁殖時會回來幫忙哺育幼鳥，這種行為在鳥類繁殖模式上是較罕見的。每年的五至七月，在陽明山大屯自然公園或其他低海拔山區，可能有機會觀察到台灣藍鵲的巢。這時請大家務必「保持距離，以策安全」，因為太接近的話，會招致牠們的攻擊，有可能被啄得頭破血流。

1 | 2 3

1. 築於樹叢中之巢及幼鳥。
2. 特殊的白化種成鳥。
3. 採用幫手制，所以同時會有多隻成鳥育雛，成功率較高。

虎鶇
不停抖動是在做什麼？
Zoothera dauma

科別：鶇科

生息狀態：冬候鳥

分布海拔：中、低海拔

棲息環境：森林

英文名：Scaly Thrush

Profile

186

素有百獸之王稱號的老虎，在原野、叢林之中威風凜凜，尤其是牠那一身黃黑相間的斑斕毛皮，在光影斑駁的灌叢中，具有充分的隱蔽效果，讓牠可以神出鬼沒，增加捕獵成功的機率，所以一提到老虎，往往使人不寒而慄。有一種鶇科鳥類，牠身上的羽毛也和老虎一樣，具有黃黑相間的花紋，因此其名字就和老虎沾上了一點邊，牠就是台灣的冬候鳥——虎鶇。

每年秋天，虎鶇會離開北方的繁殖地，開始向南方遷徙，台灣也是牠最主要的度冬區之一。在冬天，從平地至中海拔山區，都可以發現牠們，只不過牠們在棲息時很安靜，從不發出聲音，身上羽毛又極具隱匿效果，且同一地區往往又只有一隻棲息，所以要發現牠們的蹤跡還真是不太容易。而虎鶇一受驚嚇，就會飛入密林中躲藏，要找到牠就更不容易了。幸好牠們在覓食時很專注，警覺心會大為降低，在這個時候，就可以從容不迫的靠近去仔細觀察了。

虎鶇的食性很雜，可說是葷素不忌，枝頭上的果實、地下的昆蟲等都是牠覓食的對象。牠捕食昆蟲的特殊行為，格外值得觀察。捕食時，牠除了頭部，全身都會不停的抖動，似乎是藉抖動來感應地下昆蟲的細微蠕動，只見牠抖動一會兒後，就會向前幾步，然後很準確地啄起一隻肥美多汁的昆蟲，其精彩的表演真令人嘆為觀止。

虎鶇身上儲存了大量的能量後，就會開始北返，準備繁殖牠們的下一代；如果還想觀察牠的生態行為，那就要等到九月以後才再有機會了。

鳴叫聲為高頻、尖細單調之音。

常單獨在地面上覓食昆蟲。

台灣山鷓鴣

是山中隱士

Arborophila crudigularis

Profile

科別：雉科

生息狀態：留鳥

分布海拔：中、低海拔

棲息環境：山區森林

英文名：Taiwan partridge

京劇中有一齣戲,名叫釣金龜,又名行路訓子。劇情是描寫在宋仁宗時,河南孟津縣有個老孀婦張康氏,和兩個兒子張仁、張義,與張仁媳婦王氏之間的故事。小兒子張義在孟津河中釣得一隻金龜,引得王氏起了不良之心,瞞著張仁將其害死。後來張義顯靈,告知母親,前往城隍廟包公駕前告狀,包公將案情問明,將王氏定了死罪,張仁也得了不孝的處分。在以前,偶爾看到這一齣戲演出時,都對釣金龜這一幕印象深刻。它總會讓我想起,台灣的一種鳥類 —— 台灣山鷓鴣,因為這種鳥類,在天清晨,總會躲在草叢中,扯開喉嚨大聲鳴叫,鳴叫聲略似閩南語的「釣龜、釣龜」呢!

台灣山鷓鴣舊稱深山竹雞,為台灣特有種鳥類。普遍分布於低至中海拔山區森林,偏好棲息於闊葉林、針闊葉混合林,甚至繁密的次生林中,通常成小群活動於林下灌叢較密之區域。習性隱密、機警,野外極不容易觀察。

如果想要觀賞台灣山鷓鴣,必須利用牠們清晨常會大聲鳴叫的習性,先標定牠的活動範圍,在其經常出沒的地點設置一個偽裝帳。依牠們機警的個性,環境稍有改變,會立刻逃之夭夭。通常需要三、五天,甚至一個星期後牠才會適應,所以偽裝帳必須長時間放置,必要時尚需略為施以誘引的手段,才有機會看到牠們。

1 | 2 3

1. 在竹林中沙浴。
2. 警覺性極高,稍有風吹草動便逃之夭夭。
3. 親鳥與雛鳥一起覓食。

大杜鵑

採用非常奇特的繁殖方式

Cuculus canorus

Profile

科別：杜鵑科

生息狀態：冬候鳥

分布海拔：中、低海拔

棲息環境：森林、溼地

英文名：Common Cuckoo

杜鵑科鳥類的繁殖行為，在眾多鳥類中，算得上較為奇特。大多數杜鵑科鳥類成對生活，規律的養育自己的幼鳥，這些鳥類偶爾會把蛋產在其他同種或不同種杜鵑科鳥類的巢裡。新世界有四種杜鵑科鳥類集體生活，數對或數隻雌鳥，把蛋產在同一個巢裡，數隻成鳥坐巢育雛，此即所謂「合作生殖」。除此之外，最特殊的，要算是杜鵑科鳥類的托卵行為了。托卵的杜鵑，將自己的蛋產在其他鳥種巢內，由其代孵、代育，從來不自己養育後代。

中國大陸東北，遼寧省的盤錦地區，地處遼河沖積平原的最南端，緊臨渤海，為遼河、雙台河、大凌河的出海口。其境內為一大片廣袤的蘆葦溼地及鹼蓬草構成的紅海灘。許多鳥類棲息其間，是一個著名的賞鳥勝地，每年六、七月分的繁殖季，眾多水鳥在此繁殖，包含有反嘴鴴、高蹺鴴、蠣鴴、鳳頭麥雞、灰頭麥雞、赤足鷸等。在鹼蓬草叢中築巢繁殖的黑嘴鷗、歐嘴燕鷗尤為奇特。黑嘴鷗 IUCN 紅皮書列入易危等級，仍須積極保護。本地是牠們在中國大陸最主要的繁殖地。

某年我又再次到盤錦拍鳥，在保護區研究站裡，遇上遼寧大學李東來老師帶著研究生在這裡進行大杜鵑托卵行為的研究。我在李老師的指點及研究生的幫忙下，終於拍到了大杜鵑的托卵行為。

在盤錦地區，大杜鵑的主要托卵對象為東方大葦鶯，這是因為蘆葦溼地本來就是東方大葦鶯主要的營巢地。在拍攝期間，我穿著青蛙裝涉水時，水蛇在我身邊游走，長時間浸泡在水深及膝的沼澤中，受到蚊子大軍的侵擊等，可說是吃足了苦頭，但與拍得的成果相較，一切辛苦都微不足道了。

1 | 2 3
1. 飛行於空中之大杜鵑。
2. 佇立枝頭，伺機托卵。
3. 沼澤中、東方大葦鶯巢中的大杜鵑幼鳥。

台灣松雀鷹
是樹林間的小殺手
Accipiter virgatus

Profile

科別：鷹科

生息狀態：留鳥

分布海拔：中、低海拔

棲息環境：森林

英文名：Besra

192

台灣松雀鷹和鳳頭蒼鷹一樣，都是分布於台灣中、低海拔山區，常綠闊葉林中，以低海拔山區的數量較多。兩者棲位重疊，但是食性略有不同。鳳頭蒼鷹主要偏好小型哺乳類、爬蟲類及大型昆蟲，台灣松雀鷹主要以小型鳥類為食，所以兩者可以共同生活在同一空間，並沒有明顯的競爭關係。

台灣松雀鷹與鳳頭蒼鷹棲息在相同的空間，兩者羽毛的顏色、花紋又近似，所以要如何快速、準確的辨識，就成了賞鳥者頭痛的難題了。鳳頭蒼鷹的體型略大於台灣松雀鷹，但野外觀察時，會因雌、雄鳥的體型不同及個體差異等因素，而難以判斷。其實我們可以觀察牠們的足部，鳳頭蒼鷹的跗蹠較粗壯，腳趾長度差異不大；台灣松雀鷹跗蹠細長，中趾明顯比其他腳趾更長。掌握上述特徵，便不難分辨出何者為鳳頭蒼鷹，誰又是台灣松雀鷹了。

繁殖時，台灣松雀鷹和鳳頭蒼鷹的巢位選擇極為類似，在高大樹木近樹冠層築巢，雛鳥數目台灣松雀鷹較多，每巢約三～四隻，鳳頭蒼鷹最多只有兩隻。育雛以雌鳥為主，雄鳥亦會入巢，但都只攜入獵物而已。

台灣松雀鷹性情隱密，棲息時大多藏身於枝葉濃密的樹林中，鮮少現身而被發現。在山區，佇立枝頭被觀察到的，絕大多數是鳳頭蒼鷹或其他猛禽。台灣松雀鷹這種略帶神祕色彩的鳥類，我們只能以牠獨特的鳴叫聲去察覺牠的蹤跡了。

1 | 2 3
1. 飛翔於空中時，尾下覆羽並不明顯。
2. 雌鳥育雛。
3. 即將離巢之幼鳥。

熊鷹
是台灣極度瀕危的猛禽
Nisaetus nipalensis

Profile

科別：鷹科

生息狀態：留鳥

分布海拔：中、高海拔

棲息環境：原始林

英文名：Mountain Hawk-Eagle

熊鷹又稱赫氏角鷹、鷹鵰，依野生動物保育法列為第一級瀕臨絕種保育類野生動物，台灣受威脅鳥種紅皮書列為「瀕危」鳥種。分布於亞洲亞熱帶地區，從印度北部與西南部、斯里蘭卡、東南亞北越與寮國、泰馬半島，華南至台灣、日本，全球數量約一萬隻，在台灣南部與東部山區較易見，北部則少見，全台成熟個體估計約少於五十對。

分布於海拔一千至三千公尺，中高海拔原始闊葉林棲地活動。在森林中覓食，停棲於視野開闊處，以埋伏守候方式，俯衝捕捉出現於附近之小型哺乳類如鼯鼠、松鼠、野兔、幼猴、大型鳥類及爬行動物，也會取食剛死亡的動物屍體。

熊鷹非常畏懼人類干擾，活動區域通常選擇人跡罕至的原始森林。繁殖時築巢於高大樹木的上層，巢以樹枝築成，非常碩大，可容一成年人站立。繁殖期間，親鳥會不時補充新鮮枝葉。每巢孵育一雛，雌雄分工，共同育雛。

熊鷹與台灣原住民中之排灣族、魯凱族文化有密切的關係。排灣族與魯凱族皆傳說為百步蛇之後代，而熊鷹尾羽上八個三角形斑紋，據說為百步蛇所形成的斑點，牠代表這兩個原住民的精神。頭目與貴族擁有服飾上的特權及配戴熊鷹羽飾的專屬權，所以配戴熊鷹羽飾，就成了頭目、貴族和英雄的象徵。儘管族中長老認為現在年輕人有錢就能買到羽毛，已經失去傳統文化應有的價值了，但是熊鷹尾羽由外向內第六根，單價為九萬元，捕獲一隻熊鷹，至少獲利十八萬。利之所趨，熊鷹就逐漸走上滅絕之路了。

1 | 2 3

1. 雌鳥攜回獵物大赤鼯鼠，幼鳥展現護食行為。
2. 親鳥與雛鳥。
3. 即將離巢之幼鳥。

大赤啄木

宛如神龍見首不見尾的夢幻鳥種

Dendrocopos leucotos

Profile

科別：啄木鳥科

生息狀態：留鳥

分布海拔：低、中海拔

棲息環境：闊葉林森林

英文名：White-backed Woodpecker

台灣可見的啄木鳥科鳥類約有四種，小啄木、綠啄木和大赤啄木為留鳥，地啄木為過境鳥。除了小啄木為低海拔地區常見的鳥種外，其餘三種都很罕見。

大赤啄木又稱「白背啄木」，是這四種啄木鳥中，唯一的台灣特有亞種鳥類。分布於歐亞大陸，台灣亞種主要棲息於中央地區，海拔八百至二千八百公尺的中、低海拔山區。

牠們偏好活動於視野開闊，植株高大的常綠闊葉林或混合林中。大多單隻或成對出現於樹木之中上層，會短距離飛行至鄰近樹幹之中下段，環形繞爬樹幹至較高處，並且沿途覓食。食物以樹棲性甲蟲及其幼蟲為主，也會食用螞蟻、幼蟻及蟻卵、蠕蟲、漿果、堅果等，可說是一種雜食性鳥類。

大赤啄木在台灣的族群稀少，發現紀錄與數量偏少，是我的夢幻鳥種之一。猶記得第一次觀察牠是在阿里山受鎮宮附近。雖然只是驚鴻一瞥，但當時的情景至今仍歷歷在目。

在我三、四十年的賞鳥、拍鳥過程中，遇到大赤啄木的機會少之又少，簡直可以用屈指可數來形容。所拍到的畫面，也僅有數張在霧中模糊不清的雌鳥而已。無怪乎在西元 2014 年，當阿里山茶山村農場許益源先生通知我在卓武山巔咖啡園中，出現了三、四隻大赤啄木後，我在第一時間立刻趕上山去，果然發現牠們，也拍到了不少畫面。

大赤啄木出現了一、二個月後，就消失不見了。時至今日，我如果有到嘉義大埔，總會抽空上山尋訪，卻都毫無所獲。牠們突然出現又突然消失，宛如神龍見首不見尾。大赤啄木果然還是我的夢幻鳥種。

1 | 2 3
1. 繁殖期才有可能觀察到雌、雄同框。
2. 雌鳥羽色類似雄鳥，惟頭頂黑色。
3. 雄鳥頭頂紅色，非常容易辨識。

林鵰
飛行於空中的黑武士
Ictinaetus malayensis

Profile

科別：鷹科
生息狀態：留鳥
分布海拔：中、低海拔
棲息環境：山區森林
英文名：Black Egle

198

電影「星際大戰系列」自從第一部影片問世至今，已經將近四十個年頭，是電影史上不朽的經典科幻片。每次新片上映或舊片重播，都會吸引許多星際大戰迷前往觀賞。影片中出場的人物眾多，其中絕地武士安納金天行者，受到暗黑勢力的誘惑，轉變為令人恐懼的「黑武士」，是電影中突出而重要的反派角色，以一身漆黑的造型令人望而生畏。我個人覺得，這一個角色之所以形塑成功，「黑色」是一個主要因素，突顯出其邪惡、殘忍和神祕，令人莫測高深。台灣的鳥類中，也有一種身披黑色羽毛，飛行在空中，令許多鳥類和小動物感到害怕的「黑武士」── 林鵰。

林鵰分布於亞洲熱帶與亞熱帶地區，喜馬拉雅南麓、印度南部與東北部、斯里蘭卡、中南半島、印尼、中國大陸西南、福建及台灣等地，是台灣地區一種稀有的留棲性猛禽，生活於中海拔以下山區，偏好在有高大樹木的原始森林中活動、覓食。以鳥類為主食，也捕食松鼠、蜥蜴、蛙類及大型昆蟲，採空中巡飛搜捕方式獵食，利用特化的趾爪，攫取整個鳥巢、松鼠窩，以取食幼雛或鳥蛋。

在繁殖季節，牠們會築巢於懸崖邊高大樹木之中上層。每巢產一雛、雌雄分工共同育雛。繁殖結束後，雌雄仍然成對活動，並不分開，這種行為，在台灣的猛禽中，是較為少見的。

林鵰在台灣的數量原本就稀少，加上許多飼養者與馴鷹人的喜好，非法盜獵幼雛的現象層出不窮，這些都嚴重影響其族群數量，所以林鵰在台灣的天空就越來越稀有了。

1 | 2 3
1. 飛行於空中之成鳥。
2. 雌鳥育雛。
3. 幼鳥練習飛行。

黑翅鳶

台灣天空的新住民

Elanus caeruleus

Profile

科別：鷹科

生息狀態：留鳥

分布海拔：低海拔

棲息環境：田野、草原

英文名：Black-shouldered kite

台灣自古以來就是移民的樂園，縱觀歷史，從早期南島語族，歷經西班牙、荷蘭之小規模短暫經營，明鄭、清代至民國時期漢人大量移入，乃至於近期菲律賓、中南半島外配、移工的相繼加入，都讓台灣的人種基因更形豐富。

台灣的天空也是一樣，拜賞鳥人口遽增之賜，有許多新鳥種被陸續發現，讓台灣的鳥類紀錄從早期的四、五百種，暴增至近期已超過六百餘種了。這些新紀錄種，有些是只出現一、二次之超級大迷鳥，有些隔若干年就會出現一次，有少數鳥種，從發現後，就開始在台灣繁衍生息，成為普遍之留鳥，其中黑翅鳶就是一個明顯的例子。

黑翅鳶為鷹科鳥類，廣泛分布於西、南歐非洲、印度、東南亞至幾內亞、北澳洲等亞熱帶至熱帶地區的留鳥。中國大陸華南地區為稀有繁殖鳥，金門地區則是不普遍留鳥。本種原未見於台灣，首次紀錄為 1999 年台北貢寮，然後中、西部平原開始有繁殖族群出現，時至今日，牠們已是台灣普遍之留鳥了。

關於黑翅鳶如何在台灣出現並定居的過程，眾說紛紜。有人說是自然擴散的結果，有人說是寵物飼養籠中逸出，另有一說為學者引進研究中途脫逃所致，不管原因為何，牠已經是台灣天空的新住民，已是毫無疑義的確事了。

猶記得當年在嘉義太保及彰化漢寶，先後發現黑翅鳶築巢繁殖，有人為了私利，利用保育名義，不惜動用警察阻止別人拍攝，與眾多鳥友結怨，卻沒想到數年之間，黑翅鳶大量繁殖，到處都可以發現其蹤跡，牠也從珍若珙璧的鳥種，變成隨處可見拍的「普鳥」了。

1 │ 2 3

1. 在巢附近之樹頂交尾。
2. 巢築於濃密樹叢中，不易觀察。
3. 甫離巢之幼鳥，仍依賴親鳥餵食。

褐鷹鴞

羽色最不像貓頭鷹的貓頭鷹

Ninox japonica

Profile

科別：鴟鴞科

生息狀態：過境鳥、稀有留鳥

分布海拔：中、低海拔

棲息環境：森林

英文名：Brown Hawk Owl

202

在一般人的印象裡，鴟鴞科鳥類的頭部大多是圓圓的，有兩簇耳羽，外型看起來和貓有一點相似，所以才被稱為貓頭鷹。其實鴟鴞科鳥類中有一類長有耳羽，如長耳鴞、短耳鴞、領角鴞等，另有一類沒有耳羽，如鵂鶹、褐林鴞、灰林鴞等，牠們的共同特徵是臉盤扁圓，兩眼幾乎平行，這些特徵能幫助牠們在夜間活動、捕獵，所以也有人稱呼牠們為「夜行性猛禽」。

褐鷹鴞是不太像貓頭鷹的貓頭鷹，牠的外型羽色近似日行性猛禽。飛行技巧佳，飛行姿態加上飛羽、尾羽的橫紋，讓人猛然一看，會誤認為鷹科鳥類。牠擅長捕捉飛行中的獵物，如蝙蝠、燕子及飛蟲等。在山區常有機會觀察到褐鷹鴞佇立在路燈附近，伺機捕捉被路燈吸引而來的飛蟲之畫面。

早期認為褐鷹鴞在台灣為不普遍的過境鳥，僅在蘭嶼有少數繁殖族群。經過多年的觀察研究後發現，台灣除了少部分褐鷹鴞是遷徙性的以外，大部分個體都是留棲性。這些褐鷹鴞會在秋冬季節降遷至平原地帶度冬，在春夏時再回到山區繁殖，可能因此造成過去誤以為褐鷹鴞都是遷徙性鳥種的錯覺。

褐鷹鴞的外型、顏色具有高度的偽裝效果，當牠靜靜地佇立在枝頭上時，除非你是擁有豐富的野外經驗及敏銳感覺的專業人士，否則一般人是不容易發現牠們的。或許褐鷹鴞自恃其優異的隱蔽效果，認為難以被發現，所以牠們變得不太畏懼人。因此，當你發現牠以後，就可以盡情觀賞，可說想看多久就看多久，絕對不會對牠造成困擾的。

1 | 2 3

1. 剛離巢之幼鳥。
2. 羽色花紋略似鷹科鳥類。
3. 不太懼人，發現後易於觀察。

褐林鴞

只聞其聲，難見其影的神祕鳥類

Strix leptogrammica

Profile

科別：鴟鴞科

生息狀態：留鳥

分布海拔：中、低海拔

棲息環境：森林

英文名：Brown Wood-Owl

204

多啦Ａ夢為日本漫畫家藤子・Ｆ・不二雄筆下著名的兒童漫畫，SF漫畫作品。我的小兒子是哆啦Ａ夢影迷，每到播映時間，他就一定端坐在電視機前收看。當我看到多啦Ａ夢出現，腦中總會想起台灣一種稀有的留鳥 —— 褐林鴞，除了顏色不同外，牠們的形態實在太相似了。

褐林鴞的身型壯碩，是台灣鴟鴞科鳥類中體型第二大者，僅次於黃魚鴞。通常單獨或成對活動，棲息於低、中海拔林相完整之茂密原始闊葉林，或針闊葉混合林中。白天隱身於樹冠濃密處，傍晚及夜間覓食，主要以鳥類及齧鼠類為食，包括竹雞、台灣山鷓鴣、松鼠及飛鼠，也會捕食蝙蝠、兩棲爬蟲類和大型昆蟲等。

褐林鴞在台灣的族群相當稀少，依現有紀錄估計全台少於一百隻，野外非常難以發現。倒是牠們的鳴叫聲，既響亮又可以傳播到很遠的距離，所以在繁殖時期，可以到牠們經常出現的原始林中，去靜靜地聆聽那種略帶恐怖、深沉的鳴叫聲。

1 | 2 3
1. 鳴叫聲低沉響亮，略似鬼魅嚎叫。
2. 主要在夜間出沒，白天極難發現。
3. 佇立枝頭搜尋獵物。

灰林鴞
最容易適應人為設施的鴟鴞科鳥類
Strix nivicola

Profile

科別：鴟鴞科

生息狀態：留鳥

分布海拔：中、高海拔

棲息環境：森林

英文名：Himalayan Owl

206

自從西元 1991 年元月，新中橫公路通車以來，玉山國家公園塔塔加遊憩區從未通車時須從阿里山翻山越嶺，徒步行走一天才能抵達，轉變成從阿里山驅車，約莫三十分鐘就可到達。交通方便了，造訪的遊客也因而大增，致使影響了當地的生態環境。

隨著遊客大量進入塔塔加地區，不可避免的，公路兩旁的廢棄物增加了。有機廢棄物吸引許多動物聚集，如台灣獼猴、山羌、黃鼠狼、黃喉貂及為數眾多的高山齧齒類動物等，讓遊客觀賞到野生動物的機會大增，其中高山齧齒類的增加，吸引了牠們的天敵 —— 灰林鴞經常出現在公路旁伺機捕食牠們。

灰林鴞為中大型的鴟鴞科鳥類，主要棲息於中、高海拔山區針闊葉混合林中，也經常停棲於林道、公路兩旁，是台灣鴟鴞科鳥類中，海拔分布最高者。族群稀少，依現有紀錄，全台估計少於一百隻，開發活動造成森林面積減少，森林棲地破碎化，捕獵與標本收集，也是其數量減少的主要原因。

灰林鴞生性害羞，野外極為罕見。自從發現牠們經常停棲於公路兩旁的號誌牌後，塔塔加就變成台灣最容易觀察、拍攝灰林鴞的熱門地點。由於賞鳥者、拍鳥者的圍觀喧囂，嚴重干擾了灰林鴞的生活，致使這些年來觀察牠們的機會少了許多。

1 | 2 3
1. 站立路牌的高度適合，沒有枝椏干擾，所以易於捕獵。
2. 由於干擾嚴重，現今灰林鴞移棲樹林之中了。
3. 剛離巢之幼鳥。

溪流
河口
溼地

鴛鴦

真的是比翼鳥嗎？

Aix galericulata

Profile

科別：雁鴨科

生息狀態：留鳥

分布海拔：中海拔

棲息環境：森林、溪流

英文名：Mandarin Duck

鴛鴦是一種十分特殊的鳥類，牠們擁有豔麗的羽毛，雌、雄鳥總是悠游在一起，所以受到人們的注意，不但許多傳奇故事繞著牠們打轉，也成為許多文人雅士吟詠歌頌的對象。

晉代崔豹的《古今注》指鴛鴦是「匹鳥」，意思是說，雌鳥和雄鳥一輩子都不會分離，如果其中遭遇不幸，另一隻就會相思而死。而「在天願為比翼鳥，在地願為連理枝」中的比翼鳥指的就是鴛鴦。

鴛鴦在鳥類分類上屬於雁鴨科、鴛鴦屬，主要分布於亞洲中、北部，在台灣地區是稀有的過境鳥，但也有少量的留鳥，留鳥族群僅局限分布於中部以北的山區，常出現在人跡稀少，干擾較少的主要河川中上游地區；牠們多選擇在河段較為寬廣，且水流和緩的地方活動。過境鳥的族群則出現於海岸附近的溼地或海邊礁石區，但過境時間很短，加上數量稀少，所以很難被發現。

鴛鴦的繁殖季節在夏天，牠們大多選擇棲地周邊的高大樹木，利用天然的樹洞為巢，雌鳥負責孵蛋、育雛的所有工作。其實前面所提到的古人見解，似乎是過度美化雌、雄鴛鴦之間的感情，經由鳥類學家長期觀察得知，鴛鴦並不是一對忠實的伴侶。雄鳥在整個繁殖季中，會和一隻以上的雌鳥交配，甚至到了下一個繁殖季，還可能更換伴侶呢！知道了這樣的真相後，會不會讓大家感到些許悵然呢？

1 | 2 3
1. 雌鳥與雄鳥羽色差異極大。
2. 躲藏在草叢中時，不易被發現。
3. 雄性成鳥與亞成鳥。

翠鳥
是悠閒的釣魚翁
Alcedo atthis

Profile

科別：翠鳥科

生息狀態：留鳥

分布海拔：中、低海拔

棲息環境：溪流、河口

英文名：Common Kingfisher

212

記得以前我在讀小學的時候，老師曾教唱過一首「老漁翁」，由錢仁康先生填詞，曲調套用大音樂家巴哈（Johann Sebastian Bach）的小步舞曲，我費了一番工夫把歌詞找到了：

老漁翁駕扁舟，過小橋到蘋洲；
一箬笠一輕鉤，隨波逐流。
秋水碧白雲浮，斜月淡柳絲柔；
菊滿渚酒滿甌，快樂悠遊。

歌曲中所描寫的老漁翁之生活，是多麼的悠閒快樂啊！這次要介紹的鳥類，就是俗稱釣魚翁的翠鳥。

翠鳥又稱為翡翠、魚狗，牠的得名，主要是來自牠那一身鮮豔的羽毛，及那高超的捕魚技術。不管是海邊的魚塭、池塘，或是山上的溪流、湖泊、水庫，只要是有水有魚的地方，便不難發現翠鳥的蹤跡，在台灣牠是極為普遍的留鳥。

翠鳥雌、雄鳥的羽色相近，在外觀上很難加以區分。不過我可以教大家一種簡易的分類法，很快就可以辨識。雄翠鳥的上下嘴都是黑色的，而雌的翠鳥上嘴是黑色，下嘴卻是橙紅色，只要記住這一個辨認原則，應該不難區分。

在每年四至七月的繁殖季裡，翠鳥會用喙在河岸土堤或岩石縫隙鑽洞築巢，洞的直徑約為六至九公分，長度可深達一公尺，牠通常會產四至七個純白色的卵，並且由雌、雄親鳥共同孵卵、育雛。

如果有機會到水邊活動的話，一定要仔細尋找這一種羽色像寶石一樣美麗的鳥類。

1 | 2 | 3

1. 幼鳥胸腹羽色為髒汙之暗褐色，頭部滿布白色斑點。
2. 以魚類為食。
3. 雄鳥喙上下皆為黑色，雌鳥上黑下紅。

白腹秧雞
是受虐小媳婦的化身

Amaurornis phoenicurus

Profile

科別：秧雞科

生息狀態：留鳥

分布海拔：低海拔

棲息環境：河口、溼地

英文名：White-breasted Waterhen

在中國的民間故事裡，有這樣的一則傳說：從前有一個小媳婦，被她的婆婆虐待，整天做苦工，晚上亦須做到半夜。小媳婦受不了這樣的折磨，一時想不開而投水自盡，天神憐憫她可憐的遭遇，就將她變成一隻鳥，這隻鳥經常想起以前所受的痛苦，不自覺地發出了一連串「姑惡、姑惡……」的叫聲。這隻由小媳婦所變成的鳥，就是俗稱苦惡鳥或姑惡鳥的白腹秧雞。

白腹秧雞在分類上屬於秧雞科鳥類，是台灣普遍的留鳥。牠分布於全島平地至低海拔山區的稻田、沼澤、池塘、溝渠或淺湖地帶。除了繁殖季節以外，大都單獨出現。牠的個性非常羞怯、隱密，警戒心強不容易觀察。

白腹秧雞是雜食性鳥類，以植物的種子、嫩葉、水生昆蟲、小魚及貝類等為主要食物。繁殖時，常築巢水邊的草叢中，以葦草圍築成盤形的巢，每次產三、四個乳白色有褐紅色小斑點的卵。雛鳥為早熟性，孵化出來後大約半天的工夫，就可以跟隨在親鳥的後面漫遊及覓食了。

雖然白腹秧雞的警覺性很高，但只要選擇在早晨或黃昏到水邊觀察，聽聽看有沒有「姑惡、姑惡」的重複音，循聲前往找尋，或許可以發現牠。

1 ｜ 2 3

1. 較其他同科鳥類更能適應乾旱環境，在遠離水域的草地也能發現。
2. 警覺性高，常注意周遭的動靜，稍覺不對就一溜煙鑽進草叢中躲藏。
3. 也會啄食水邊已死的魚類。

琵嘴鴨

的嘴巴像琵琶

Anas clypeata

Profile

科別：雁鴨科

生息狀態：冬候鳥

分布海拔：低海拔

棲息環境：河口、海岸

英文名：Northern Shoveler

216

國樂器中的琵琶，不但形狀很特殊，在演奏技巧上更是變化多端，它的音色豐富，不論獨奏或合奏，都有很好的表現，是樂團中重要的樂器。大自然中也有一些鳥類，嘴部的形狀很特殊，就像國樂樂器琵琶的樣子，如琵嘴鷸、琵鷺……等，真不知道琵琶是不是根據這些鳥嘴的形狀而來設計的？

琵嘴鴨是嘴部形狀像琵琶的一種鳥類，牠那寬大扁平的嘴，讓牠們不論是掘起泥土尋取食物，或是在水面上濾水以覓食，都頗為方便。

屬於雁鴨科的琵嘴鴨，主要分布在歐亞大陸及北美洲的中、北部，每年冬季會向南方遷徙，台灣也是牠的度冬地之一。來到台灣以後，琵嘴鴨偏好在較為寬廣且無植被叢生，視野良好的淡水水域中棲息，但偶爾可以在海面上發現牠們。白天牠們會與小水鴨、尖尾鴨等其他鴨類混群休息，晚上才會在水田、溼地等處覓食。

琵嘴鴨在台灣度冬時，以中南部的水域較容易觀察得到。在此可以推薦一處，堪稱全台灣最容易觀察到琵嘴鴨的地方給各位，如果你在冬季有機會到台南一遊的話，可以順道到這兒來看一看，一定會讓你有不虛此行的感覺。

由台南往七股的濱海公路（台十七線）四草段，快到台南科技工業區附近，在公路兩旁的魚塭中，就可以看到為數眾多的小水鴨與琵嘴鴨在水中悠游覓食。你只要把車子靠到路邊，搖下車窗，在車上就可以舒舒服服地觀察牠們了。如果你的運氣夠好，說不定還可看到前來覓食的黑面琵鷺呢！

1 | 2 3
1. 寬大扁平的喙，是主要的辨識特徵。
2. 雌鳥羽色樸素，以褐色為主並密布暗色斑點。
3. 雄鳥繁殖羽。

小水鴨
數量眾多的青翅仔

Anas crecca

Profile

科別：雁鴨科

生息狀態：冬候鳥

分布海拔：中、低海拔

棲息環境：河口、海岸

英文名：Green-winged Teal

218

在冬天，台灣的天空總是十分地熱鬧，這是由於台灣地理及氣候關係，使得許多候鳥選擇在此地度過寒冷的冬天。

來台度冬的水鳥，主要以鷿科、鷸科、鷺科和雁鴨科為最大宗，其中雁鴨科鳥類中又以小水鴨的數量最為龐大，牠們常成千上萬浮游於水面上，遠遠望去宛如水面上漂浮的一片青萍，所以也有人以閩南語稱牠們為「水藻仔」。

小水鴨全長約三十八公分，只要由牠的名字就可以知道，牠是來台度冬的雁鴨中，體型最嬌小的一種。雌、雄鳥的外表差異極大，雌鳥的外表樸實無華，整體為一致的棕黃色；雄鳥可就美麗多了，頭部為棕紅色，配上有金屬光澤的翠綠色眼帶及臀部乳黃色的大斑塊，其豔麗程度，常使得沒有經驗的賞鳥者誤認牠為「鴛鴦」呢。

小水鴨在台灣度冬時，主要棲息於河口、沼澤及內陸的大型水域如埤、塘、湖泊及水庫。白天大多在能見度良好水中或岸邊休息，夜間在沼澤中或飛至田間覓食，稻穀、草籽、植物嫩芽及螺類等無脊椎動物，都是牠們喜愛的食物。

小水鴨由於族群數量龐大，在以前還未全面禁獵的時候，牠們是主要的狩獵目標，獵人因牠們擁有綠色的翼鏡而稱牠們為「青翅仔」。牠們經歷多年被狩獵的生活，使牠們的警覺心變得很高，只要一有風吹草動，就立刻起飛逃之夭夭。

自從野生動物保育法實施以後，經過這麼多年沒人再去侵擾牠們，牠們的警戒心又開始慢慢降低，如今我們已經可以較為接近牠們，來欣賞牠們悠游於水中所展現的各種不同神態了。

1 | 2 3

1. 雌鳥（左）與雌鳥（右）羽色差異頗大。
2. 由非繁殖羽（冬羽）轉換為繁殖羽的雄鳥。
3. 雄鳥水浴。

白額雁

來自遙遠的北極海岸

Anser albifrons

Profile

科別：雁鴨科

生息狀態：稀有冬候鳥

分布海拔：低海拔

棲息環境：河口、海岸

英文名：Greater White-fronted Goose

雁鴨科鳥類，我們可以大略分成兩大類，也就是體型較小的鴨類和體型較大的雁與天鵝。

鴨類之中，有許多是台灣普遍的冬候鳥，花嘴鴨、綠頭鴨甚至已有部分族群在金門及花東地區繁殖，而成為留鳥。雁與天鵝則分布於緯度更高的北方，台灣地區所在的緯度太低，不是雁與天鵝適宜的繁殖及度冬之地，自然很難見得到牠們，所以一旦發現牠們，就會覺得特別稀罕珍貴。

彰化福寶溼地在西元 2003 年十月飛來了一隻白額雁，引起眾多賞鳥、拍鳥者的注意，紛紛從全台各地趕赴彰化，想要一睹牠的廬山真面目。

白額雁為雁屬鳥類，繁殖於西伯利亞及北美洲的極北部，秋季以後開始成群向南方溫暖的地區遷徙。遷移行動大多在夜間進行，最後在歐亞大陸、北美洲、墨西哥、中國及日本等地度冬。

在度冬區牠們常集結成群一起活動及覓食，食物以水生植物為主，有時亦兼食穀類、種子、水草及部分農作物的根莖、嫩葉以及嫩芽。

白額雁在台灣是稀有的迷鳥，大多屬於過境性質，每次出現都是短暫停留，往往稍微休息兩、三天，養足體力後，就會飛往別處。所以一得到訊息，就要趕緊前往觀賞，以免向隅而懊惱。

1 | 2 3

1. 在冬季，白額雁通常集群活動。
2. 成鳥額基有白色環斑，此為辨識特徵。
3. 為台灣稀有的迷鳥，每次出現僅一、二隻而已。

寒林豆雁
銜著一顆黃豆

Anser fabalis

Profile

科別：雁鴨科

生息狀態：稀有冬候鳥

分布海拔：低海拔

棲息環境：河口、海岸

英文名：Taiga Bean-Goose

記得在我小時候，常到鄉下小住，在鄉間到處可見到牛、羊、豬、雞、鴨、鵝等動物。那時候我最害怕的動物，不是身形龐大的牛、羊，也不是外貌凶惡的狗，而是到處遊蕩的鵝。鵝總是動不動就會追著人跑，而且牠的喙啄起人來還真是疼呢！所以每次到鄉下，一遇見牠們，我就立刻退避三舍。

鵝的原始祖先是雁，野雁經人們長期的豢養、馴化後，就成今日的家鵝了，其中「中國鵝」的褐色品種，與鴻雁的羽色、花紋幾乎完全相同，就是最好的證明。

冬季的桃園縣大園鄉海邊，偶爾會有寒林豆雁翩然降臨，且停留度冬，當地人都稱呼牠們為「海鵝」。有一年我前去大園拍攝五隻寒林豆雁，還想起小時候的前塵往事，不免心有餘悸。

這五隻寒林豆雁，有兩隻成鳥和三隻幼鳥，看起來同屬一個家族。牠們棲息在已收割的稻田中，挖取根莖為食，也會撿食殘留的稻穗。牠們不太怕人，輕易的就能接近觀察，寒林豆雁的嘴喙為黑色，靠近尖端有一塊醒目的橙黃色斑塊，遠看好像咬著一顆大黃豆，這可是牠們獨一無二的註冊商標呢！在覓食的時候，雁群往往會有一隻成鳥，伸長脖子擔任守衛的任務，要是有人靠得太近，牠們就會飛到別的田地中。中午時分天氣炎熱時，牠們還會飛到水池中洗個痛快的澡，這時只見水花四濺，景象十分壯觀。

寒林豆雁在台灣屬稀有的過境鳥，最近幾年的冬季，宜蘭的下埔都有寒林豆雁停留，想一睹牠們丰采的人可要好好把握機會。

1 | 2 3

1. 飛行中的豆雁。
2. 水浴。
3. 挖掘植物根莖為食，喙部橙黃色斑塊頗為醒目。

蒼鷺

老等在水中央

Ardea cinerea

Profile

科別：鷺科

生息狀態：冬候鳥

分布海拔：低海拔

棲息環境：河口、溼地

英文名：Gray Heron

在台灣地區可以見到的鷺科鳥類，大約有十九種之多，若以羽毛的顏色來加以區分，大致可分為白色、灰色和棕色等三種類型，大白鷺、中白鷺及小白鷺為白色的類型，夜鷺與綠簑鷺是屬於灰色的類型，栗小鷺、黃小鷺和大麻鷺則是典型的棕色類型。

蒼鷺全長約九十公分，屬於灰色類型，全身布滿灰色的羽毛，是台灣所有鷺科鳥類中體型最大的。

蒼鷺在台灣為每年九月至翌年四月間普遍的冬候鳥，除了七、八月之間的盛夏季節較少發現外，其餘各月分或多、或少都可以看其蹤跡。牠們大多停留在近海的沼澤，以及接近乾涸狀態的魚塭內，尤其是潮間帶及寬廣的河口、溼地，是牠們喜歡的地方。牠們是一種群棲性很強的鳥類，常可見到數十隻，甚至數百隻聚集在一起的壯觀畫面。

蒼鷺主要的食物為魚類；牠們在陽光強烈的正午，會伸展翅膀遮蓋，在水面下形成陰影，以防止水面的反光，讓牠可以看清水下獵物的動靜。接著，牠耐心地等待捕捉魚兒的最佳時機，為了捕魚，蒼鷺甚至可以長時間佇立在水中不動，也因為具有這樣的特性，所以有人戲稱牠為「老等」。

蒼鷺的警覺性極高，加上身高脖子長，且又喜好群聚在一起，很容易就可以發現入侵者，要想偷偷地靠近牠，幾乎是不可能的事。所以在賞鳥時，只能在遠處透過望遠鏡，才能好整以暇的觀察牠們。

1 | 2 3

1. 巢中幼鳥（攝於遼寧盤錦）
2. 成鳥非繁殖羽（冬羽）
3. 巢與卵（攝於遼寧盤錦）

翻石鷸
用嘴翻石頭找食物
Arenaria interpres

Profile

科別：鷸科

生息狀態：冬候鳥

分布海拔：低海拔

棲息環境：河口、海岸

英文名：Ruddy Turnstone

226

在河口、海灘的泥沼地上，棲居著許許多多無脊椎生物如沙蠶、蠕蟲、小蝦或小蟹，這些生物往往是其他更大型動物如魚類、鳥類等覓食的對象。但是這些無脊椎動物，也不是乖乖的等著束手就擒，牠們也有其趨避之道，有一些物種就選擇躲藏在石頭的下方，那些沒有辦法翻開石頭的捕食者，就沒有辦法吃到牠們。

屬於鷸科鳥類的翻石鷸，就是覓食這些躲在石頭下之無脊椎動物的箇中好手，牠的嘴呈扁平的三角形，且略為往上翹，外形很像一把小鏟子，可以輕易的鏟開泥塊或小石頭，找到躲藏於其中的小生物。牠也就因為這樣獨特的覓食方式，而被命名為「翻石鷸」的。

翻石鷸為台灣地區普遍的冬候鳥，大約在每年九月以後，全台各地的河口、沙洲、沼澤及魚塭等泥質的灘地上，就可以看見牠們出沒。牠們經常成群出現，較圓胖的身軀與橙紅色的羽毛，讓牠們在羽色樸素，通常為灰色或褐色的鳥群中特別顯眼，輕易就可以被發現。

翻石鷸那圓滾滾的身體，乍看之下略顯笨拙，但千萬不要被牠的外表給騙了，牠可是機警的很，一有風吹草動，往往等你們一有動作，牠就會一溜煙飛得不知去向了。

1. 常成群一起活動、覓食。
2. 利用扁平宛如小鏟子的喙，翻開泥土找尋食物。
3. 幼鳥羽色黯淡，背部羽毛可見淡色羽緣。

1 | 2 3

大麻鷺
伸長脖子裝水草
Botaurus stellaris

Profile

科別：鷺科
生息狀態：冬候鳥
分布海拔：低海拔
棲息環境：河口、溼地
英文名：Great Bittern

鷺科鳥類幾乎都具有細長的脖子，使頭部在較高的位置，可以看得比較遠，較能掌握周遭環境的變化，因此比起其他鳥類，顯得更機敏而難以接近。

所有鷺科鳥類中，大麻鷺是最難被發現的一種，牠除了機警外，又兼具有無比的耐心和極其隱密的特性，加上來度冬的數量又少，因此以往少有觀察記錄。

大麻鷺是台灣地區十月至翌年四月間稀有的冬候鳥，只有在少數地區曾被發現過。牠們的生活習性偏夜行性，大多在晨、昏及夜間活動與覓食，白天則藏匿在草叢或沼澤之中，以魚、蝦、螺、螃蟹、蛙、泥鰍及水生昆蟲等為主要的食物。

大麻鷺為大型鷺科鳥類，體型略顯圓胖，整體羽色棕黃，其上並密布黑色縱斑，與周遭的生活環境相當融合，非常具有隱蔽的效果。牠的行動十分遲緩，遇有動物接近時，牠會靜止不動，並且伸長脖子以擬態的方式欺騙敵人。除非受到嚴重的干擾，否則牠很少會起飛。牠飛行時動作相當笨拙，多半是做低空的直線移動，而且很快就會落入附近的草叢之中。

大麻鷺是一種很難發現的鳥類，所以找牠的時候要費一番工夫，一旦找到了，只要你不要有太突然的大動作驚嚇到牠，多半可以長時間觀察牠們的行為。

1 | 2

1. 停棲時常凝神靜止，喙向上舉，擬態欺敵。
2. 晨昏、夜間活動及覓食於水域中。

牛背鷺

是牛羊的最佳拍檔

Bubulcus ibis

Profile

科別：鷺科

生息狀態：夏候鳥、留鳥

分布海拔：低海拔

棲息環境：溼地、田野

英文名：Cattle Egret

在生態學上有一個專有名詞——共生，意思是指兩種不同的生物在一起，可以讓雙方或一方得到好處的生活方式。雙方都能獲得益處的叫「互利共生」，如果只有一方獲得益處，另一方沒有好處，但也不會受到傷害的就叫「片利共生」。鷺科鳥類中的牛背鷺，牠和牛、羊等中、大型的哺乳動物間，就有「互利共生」的關係存在著。

牛背鷺在台灣是夏候鳥，有一部分為留鳥，一大部分為過境鳥。牠在食物的選擇上，和其他鷺科鳥類有很大的不同，大部分鷺科以魚、蝦為主要食物，而在牛背鷺的菜單中，昆蟲卻是最主要的部分。牛背鷺常會跟隨在草原上吃草的牛、羊等動物的後面，因為當牛、羊等動物龐大的身軀在草叢中移動時，躲在草叢中的昆蟲就紛紛被嚇得飛了出來，這些昆蟲就成了牛背鷺的可口佳餚了。牛背鷺的視力很好，遇有猛獸接近，很快就會發現而驚飛，這些草食性動物也因此得到警示而能及早逃逸，你們說，牠們是不是名符其實的最佳拍檔呢？

牛背鷺又稱黃頭鷺，這是因為在平時，牠們全身為雪白的羽毛，和小白鷺極類似。一旦到了繁殖季節，牠們的頭、頸、前胸和背部，就會長出橙黃色耀眼的繁殖羽。所以大家在不同的季節賞鳥時，千萬不要誤認為是不同的兩種鳥。

主食昆蟲的牠們，是農夫田中最好的幫手，讓農夫不用噴灑殺蟲劑，一樣可以把田裡的害蟲清除得乾乾淨淨，所以農夫也將牠們視為最好的夥伴。春耕的時候，大家經常可以看見成群的牛背鷺，跟隨在耕耘機後面覓食的溫馨畫面。

1. 非繁殖羽全身雪白，類似小白鷺，但可由橘黃色的喙分辨出來。

1 | 2 3 2. 常在草原中覓食昆蟲。

3. 繁殖季，頭、頸、前胸和後背都會長出橙黃色飾羽。

東方環頸鴴

為什麼要擬傷？

Charadrius alexandrinus

Profile

科別：鴴科

生息狀態：冬候鳥、留鳥

分布海拔：低海拔

棲息環境：河口、溼地

英文名：Kentish Plover

鴴科鳥類廣泛分布於南極大陸以外的全球各地，牠們和鷸科鳥類一樣，都是棲息在水域附近的岸鳥，兩者在野外的辨識特徵為，鴴科鳥類的嘴、頸和腳都比較短，相反的鴴科鳥類的眼睛卻普遍比鷸科鳥類還來得大。台灣地區可見的鴴科鳥類約有十一種，大部分是過境鳥及冬候鳥，只有兩種在本地繁殖，就是僅有少數繁殖記錄的小環頸鴴，與普遍在此繁殖的東方環頸鴴。

東方環頸鴴是台灣普遍的留鳥及冬候鳥，具有極強的群聚性，常大群出現於潮間帶，或與其他鷸鴴科鳥類一起活動、覓食。感覺上牠是一種比較不怕人的水鳥，賞鳥者常可以靠得比較近，觀察牠的一舉一動。

每年三至七月是牠們繁殖的季節，

巢位的選擇通常在開闊且植被稀少的海濱砂礫地，由於卵的外型、顏色和小卵石極為相似，所以牠們幾乎不用任何巢材，只銜來一些牡蠣殼或小貝殼稍加偽裝，就可以避開天敵的注意。其擬態之精妙，真令人嘆為觀止。事實上就曾有賞鳥者，幾乎都快要踏到牠的卵了，卻還未能發現牠們的巢呢。

如果不幸巢被天敵發現了，這時親鳥會施展另一種「擬傷」的獨門工夫欺敵，牠們一面發出淒厲的鳴叫聲，一面拖著下垂的翅膀來吸引敵人的注意，讓天敵轉而追擊牠，等把敵人引出巢區後牠才飛走，這時天敵即使回頭，也找不到牠的巢位了。東方環頸鴴就是利用這個方法，順利的繁殖牠的下一代。

1 2 3
1. 親鳥臥巢孵卵，卵直接產於地面微凹處。
2. 被文蛤夾住腳之雄鳥，宛如寓言故事「鷸蚌相爭」之重現。
3. 幼鳥背部羽毛花紋類似砂粒，當牠蹲伏在地上時，天敵不易發現。

小環頸鴴
有著金眼圈
Charadrius dubius

Profile

科別：鴴科
生息狀態：冬候鳥、留鳥
分布海拔：低海拔
棲息環境：河口、溼地
英文名：Little Ringed Plover

234

由於台灣所處的緯度較低，除了島上原有的留鳥之外，選擇台灣作為繁殖地的水鳥非常稀少。較普遍的是在河口、海岸溼地棲息的東方環頸鴴。而另一種無論是體型、生態習性都和東方環頸鴴極為相似的小環頸鴴，直到最近幾年才發現少量的繁殖族群，這實在是彌足珍貴的記錄，非常值得讓一般人更進一步去認識這種鳥類的繁殖行為。

小環頸鴴和東方環頸鴴一樣，都是屬於鴴科鳥類，體長僅十六公分的牠，是台灣可見的鴴科鳥類中最袖珍的一種。牠廣泛分布於全世界。在台灣地區發現的小環頸鴴，大多數為每年八月至翌年四、五月間，普遍的冬候鳥及過境鳥。在台灣繁殖的留鳥族群，大多棲息在中、南部地區，常見於大型水域及多石礫的河床等地。

小環頸鴴冬季羽色較淡，和東方環頸鴴極為相似，並不容易區分，最可靠的辨識方式是小環頸鴴胸前擁有完整的環帶，而東方環頸鴴的環帶卻是中斷的。但是轉換成繁殖羽（夏羽）後，牠可就比東方環頸鴴精彩多了，這時候牠那黑色寬過眼線中的眼眶周圍，有一圈特別顯眼的深濃黃色眼圈，所以牠也有「金眼」的鄉土俗稱。

小環頸鴴在覓食時會表現出一種特殊行為，牠會先伸出一隻腳不停的在地上抖動，似乎是在探測或搔動一些底棲生物。當牠發現獵物時，只見牠急趨數步，即能迅速啄到藏在地下的獵物。這樣神乎其技的表現，讓看到的人不禁目瞪口呆，佩服的不得了。

1 | 2 3

1. 孵卵中的雄鳥。
2. 非繁殖羽（冬羽）
3. 繁殖羽（夏羽），圖為雄鳥。

東方白鸛

喪命松山機場的送子鳥

Ciconia boyciana

Profile

科別：鸛科

生息狀態：稀有冬候鳥

分布海拔：低海拔

棲息環境：河口、溼地

英文名：Oriental Stork

據西洋傳說白鸛是送子鳥，牠們會用嘴巴叼來一個新生的嬰兒，送給善良而沒有孩子的家庭，因此牠也就被視為可以帶來好運的象徵。這也是為什麼經常可以看到牠在鄉間住家屋頂搭建巨大的鳥巢，卻不會受到住戶的驅離。這種白鸛是歐洲白鸛，牠的喙呈鮮紅色，亞洲東部不是牠的分布區，所以我們沒有機會看到牠。我們這兒偶爾可見的是東方白鸛，喙是黑色，和牠是同科不同種。

東方白鸛屬鸛科，分布在中國大陸東北地區及朝鮮半島中部，冬季時會遷徙至長江中、下游地區及華南。台灣為稀有的冬候鳥，大部分發現於南部地區。牠的身長約一百一十二公分，是一種大型的鳥類。

東方白鸛通常單獨或成對出現於沼澤、河口、湖泊、池塘及溼原地帶，牠是純肉食主義者，以魚類、兩棲、爬蟲類及軟體動物為食，不吃植物性食物。牠們非常機警，稍有干擾立即飛離，所以並不容易接近。繁殖時，在高約二公尺的樹上，以樹枝搭建平台狀的巢，鳥巢極為碩大堅固，可容成人站立。

在數年前，曾有一對東方白鸛滯留關渡平原，並在淡水竹圍的高壓電塔上築巢，似乎有在此繁殖的打算，然而繁殖的動作卻半途停止。更令人惋惜的是，當牠們飛越松山機場時雙雙喪命，可能被機場裡執行驅鳥任務的人員用霰彈槍給打了下來，也可能是遭遇鳥擊事件，我們就這樣失去了第一次在台灣觀察白鸛繁殖的機會。

1 | 2 3
1. 活動於淡水沼澤、池塘、湖泊等溼地。
2. 親鳥銜巢材來修補鳥巢（攝於黑龍江省大慶市）
3. 即將離巢的幼鳥（攝於黑龍江省大慶市）

黑鸛
身高一〇八
Ciconia nigra

Profile

科別：鸛科
生息狀態：稀有冬候鳥
分布海拔：低海拔
棲息環境：河口、溼地
英文名：Black Stork

隨著時序的流轉，當秋季悄悄地降臨北半球之時，生活在北方的水鳥，已經完成牠們傳宗接代的大事，藉著東北季風南吹的幫助，親鳥帶著幼鳥，離開繁殖區，展開牠們一年一度的度冬之旅。

來台度冬的水鳥之中，體型碩大的黑鸛，算是最稀有的，牠們在此地度冬的機會並不多，反而是在過境期間，發現牠們的機會較大，所以有人將牠列為台灣的迷鳥或稀有的過境鳥。在外島的金門地區，牠們的數量雖然也很稀少，卻是很穩定的冬候鳥，幾乎每年都可以觀察得到。

黑鸛繁殖於西伯利亞東北部、蒙古北部及中國大陸東北、甘肅、青海、新疆等地，冬季則南遷至非洲、印度的北部、泰國、長江中、下游地區及華南一帶度冬。

在度冬區，牠們大多單獨或以家族的形式出現，棲息、覓食於靠近海邊的沼澤、河口或潮溝等地，以兩棲、爬蟲類、魚類或小型哺乳類等為食。在2002年我就在金門金沙水庫外的潮溝中，觀察到兩隻成鳥與一隻幼鳥，一起在此地覓食。

黑鸛全身的羽毛，除了腹部為白色外，頭、頸、背部、翼及尾全是有銅綠色光澤的黑色羽毛，嘴、腳和眼睛周圍為紅色，是很豔麗的大型涉禽。

黑鸛雖稀有，但因擁有全長一○八公分的身體，所以只要牠在，很容易在眾多的水鳥群中一眼認出，不妨在冬季時到海邊去碰碰運氣。

成鳥羽色豔麗。

幼鳥全身羽毛暗褐色，喙淡褐色。

河烏
的潛水完全守則
Cinclus pallasii

Profile

科別：河烏科
生息狀態：留鳥
分布海拔：中、低海拔
棲息環境：溪流
英文名：Brown Dipper

在台灣的鳥類中，河烏算是一種生態習性較為奇特的鳥類，牠們主要生活於河流的中、上游，特別喜歡在有激流、瀑布的河段活動。因為在水流湍急的地方，不但水質清澈，而且具有很高的溶氧量，魚、蝦及水生昆蟲特別多，足以充分供給牠生活之所需。

河烏屬河烏科，廣泛分布於中國大陸，北起烏蘇里江，南至廣東、福建，西達青海、甘肅。在台灣則為分布於中、低海拔山區溪流中的不普遍留鳥。牠的體型略顯圓胖，全身羽毛為暗褐色。因為牠常出現於溪流所形成的深潭附近，停棲時又不時一上一下擺動著身體，就好像在玩「蘿蔔蹲」的遊戲，所以又有一個「潭點仔」的閩南語俗名。

1. 在溪邊岩壁、石頭隙縫中以苔蘚築巢。
1 ｜ 2　2. 幼鳥全身暗褐色，並密布淡色羽緣。

河烏的主要食物為魚蝦及水生昆蟲，勢必要進入水中覓食，所以牠在身體上就有一些異於其他鳥類的特化，使牠在水中可以行動自如。牠圓胖的軀體，有如一枚魚雷，可以減低水的阻力。牠的尾部有個特別肥大的潤羽腺，分泌的油脂可以用來整飾羽毛以防水，即使牠在水中待個十幾秒鐘，也不會發生因潮溼而受寒的情形；另外，牠眼中有一層透明的瞬膜，可以合攏覆蓋眼睛，除了保護雙眼之外，還可以讓牠在水中看清楚東西，作用相當於人類游泳、潛水時所戴的蛙鏡。

河烏擁有這麼多得天獨厚的祕密武器，難怪牠可以在水底來去自如，無往不利。

小天鵝

驚鴻一瞥也能帶來騷動

Cygnus columbianus

Profile

科別：雁鴨科

生息狀態：迷鳥

分布海拔：低海拔

棲息環境：河口、海岸

英文名：Tundra Swan

天鵝屬的鳥類，是雁鴨科中體型最碩大的，牠們的動作舉止非常優雅，大多擁有潔白的羽毛，自古以來深受人們喜愛，詩人、畫家和音樂家以牠們為題材，創作出無數令人激賞的作品。許多都會區的公園、動物園也豢養天鵝，看牠們悠游於水邊池畔，憑添了些許浪漫的氣氛。

小天鵝又稱為「鵠」，體長約一百二十公分，是北半球天鵝種類中體型最小的一種。小天鵝外型酷似黃嘴天鵝（大天鵝），兩者在野外的分辨方法，除了比較體型的大小外，最可靠的方法是觀察喙的黃斑部分：大天鵝的黃斑部分向前端延伸超過鼻孔，小天鵝則不超過鼻孔。

小天鵝繁殖地點在西伯利亞北方的極圈附近，主要的度冬區則在中國大陸東北與長江流域，以及日本、韓國等地，台灣地區所處的緯度偏南，既不是天鵝的繁殖或度冬區，也不是遷徙時必須經過的地點，所以少有機會可以發現牠們的蹤跡。偶爾還是有一些小天鵝，出乎意料地光臨台灣，雖然僅是驚鴻一瞥，但每次總為賞鳥界帶來一陣騷動呢！

1 | 2 3

1. 幼鳥羽毛淺灰褐色，上嘴基粉白色。
2. 成鳥羽毛潔白、上嘴基鮮黃色。
3. 伸展翅膀，可由黃斑部較小來判斷為小天鵝。

黃嘴天鵝
在蒲葦間優雅棲息
Cygnus cygnus

Profile

科別：雁鴨科
生息狀態：迷鳥
分布海拔：低海拔
棲息環境：河口、海岸
英文名：Whooper Swan

天鵝這一類的鳥類，就是《詩經‧鴻雁》中：「鴻雁于飛，集於中澤。」所說的「鴻」。陸璣《詩疏》中則也稱之為「鵠」：「鴻，鵠。羽毛光澤純白，似鶴而大，長頸，肉美如雁。」從他的文章中我們可以知道，鴻和鵠同名，都是白色羽毛的大型水禽。「天鵝」這個名字則是到了明代才見於李時珍《本草綱目》中：「按，師曠禽經云，鵠鳴哠哠，故謂之鵠。吳僧贊寧云，凡物大者皆以天名，天者大也，則天鵝名義蓋也同此。」由以上的描述我們可以知道，以「鵠」命名是由於牠的鳴叫聲，現今雖然專指小天鵝，但在古代似乎並沒有大、小天鵝的分類。

大天鵝因嘴基兩側的黃斑，沿著嘴緣向前沿伸到鼻孔之下，故又稱作黃嘴天鵝，在分類上屬雁鴨科，體長約一百五十五公分，是台灣可見之雁鴨中，體型最大的一種。牠是台灣稀有的迷鳥，發現記錄遠少於小天鵝。

黃嘴天鵝常棲息於多蒲葦的湖泊、水塘或水庫中，遷徙時經常組成六至二十餘隻的群體，以「一」字形或「人」字形飛行，在度冬區常和小天鵝或其他水鴨混群，但仍以家族形式活動。牠們主要以水生植物的種子、莖、葉與雜草的種子為食物，也攝取少量的軟體動物、水生昆蟲和蚯蚓。牠的嘴喙強而有力，掘食能力強，能挖掘深藏於泥灘下約五十公分深的食物。

台灣很少有機會可以觀察到這種優雅的水禽，但在鄰近國家如日本或中國大陸，牠們都是受到保護的水鳥，因此變得不怕人，很容易就能接近觀察。我就曾經經歷在日本北海道白鳥台的民宿，早上被大天鵝圍在門口索食的特殊遭遇呢。

1 | 2 3

1. 雌鳥臥巢孵卵，雄鳥在巢邊警戒（攝於中國大陸黑龍江省齊齊哈爾扎龍溼地）
2. 飛行姿態優雅，降落時卻笨拙不堪，跌跌撞撞。
3. 親鳥與幼鳥（攝於新疆巴音布魯克）。

白冠雞

一緊張就潛水

Fulica atra

Profile

科別：秧雞科

生息狀態：冬候鳥

分布海拔：低海拔

棲息環境：河口、溼地

英文名：Eurasian Coot

246

秧雞科鳥類的性情非常羞怯，經常躲在較為隱密的地方，不輕易現身。在台灣大多數的秧雞科鳥類為留鳥，一年四季都可以見到。被稱為董雞的鶴秧雞則是夏候鳥，春、夏來台灣繁殖下一代，秋、冬季離開台灣，另有少數幾種為迷鳥或冬候鳥，白冠雞就是其中最典型的冬候鳥。

白冠雞大約在每年十月分抵達台灣，一直要到翌年的五月分左右才會全數離開，牠們是台灣不普遍的冬候鳥，度冬的族群數量並不太多，所以一般人較少有機會能觀察牠們。

和台灣其他秧雞科鳥類比較，白冠雞體型應該是最大的，而且牠的腳趾為適於划水的瓣蹼足，這也與其他同科鳥類明顯不同。牠的整體羽色大致為灰黑色，嘴及額板白色，眼睛為紅色，活動型態則略似潛鴨屬的雁鴨，可以潛入水中覓食。

白冠雞喜歡棲息在距海不遠的草澤、大型魚塭及湖泊，牠的警覺心很強，活動時總不敢離開草叢太遠，游泳時頭部常會緊張地四處張望，如遇危險馬上潛水避敵或逕自迅速飛離。牠們在覓食時會潛入水中，或把頭沒入水中，以取食水生植物或水生昆蟲。

在台灣雖然並不容易見到牠們，但在一水之隔的金門島上，牠卻是常見的冬候鳥，島上每一個大大小小的埤塘，幾乎都可以見到牠們的蹤影。

1. 幼鳥（攝於中國大陸黑龍江省大慶市龍鳳溼地）

1 | 2 3　2. 腳趾為瓣蹼，因此較同科鳥更適於划水。

3. 經常在草叢附近活動。

紅冠水雞
會助跑飛行

Gallinula chloropus

Profile

科別：秧雞科

生息狀態：留鳥

分布海拔：低海拔

棲息環境：田野、溼地

英文名：Eurasian Moorhen

秧雞科鳥類大多數是比較害羞，且行蹤隱密的，是較不容易觀察的鳥種。但紅冠水雞卻是例外，牠不但不太怕人，而且數量又多，在野外，只要是有水的地方，幾乎隨時隨地都可以見到牠。

紅冠水雞是台灣普遍的留鳥，全身羽毛大致為黑色，所以也被稱為黑水雞。嘴紅色，先端黃色，額板紅色是重要的辨識特徵。牠們通常成小群出現於池塘、沼澤、水田及溪畔的水中及草叢地帶。牠善於游泳，卻很少見牠飛行，萬不得已必須飛行時，牠必須助跑一段距離，才能貼著水面作短距離的飛行。

牠的尾下覆羽兩側有橢圓型的白斑，當牠停棲或浮游水面時，常翹動尾羽，白斑就會一閃一閃的。曾有鳥類學家研究過這種行為，認為這可能是牠們彼此之間傳送訊息的一種方式。

繁殖期間，紅冠水雞會在水邊或水中的植物叢中築巢，巢位並不算太隱密，只要仔細尋找，很容易就可以發現。牠的幼鳥為早熟型，孵化後就能自由行動，但初期還是需要仰賴親鳥的哺育。所以在這一段時間，經常可以看到全身毛絨絨的幼鳥，緊緊跟隨在成鳥身後索食的溫馨畫面。

1 | 2 3

1. 天氣晴朗時，經常可見其下垂雙翅放鬆羽毛進行日光浴。
2. 親鳥育雛。
3. 巢築於植物叢中，通常不太隱密，輕易就可以發現。

灰胸秧雞

躲貓貓第一名

Gallirallus striatus

Profile

科別：秧雞科

生息狀態：留鳥

分布海拔：低海拔

棲息環境：河口、溼地

英文名：Slaty-breasted Rail

灰胸秧雞和白腹秧雞一樣，都是屬於秧雞科的鳥類，只是灰胸秧雞比白腹秧雞更機警，行動更隱密，一般人並不容易觀察到牠們，所以一直都以為牠們的數量很稀少。近些年來由於賞鳥人口大增，裝備也更為精良，才逐漸揭開牠們的神祕面紗；其實牠們的數量並不像我們之前所認為的那樣少，可以算是台灣地區普遍的留鳥。

灰胸秧雞主要棲息於低海拔的沼澤地、池塘畔及山坡的水田中。牠們常在植物叢中潛行，獵捕魚、蝦及水生昆蟲為食。在捕捉獵物時，牠們可以像石頭一樣，一動也不動地佇立在水邊的草叢中，當魚、蝦或水生昆蟲毫無警覺地靠近時，牠立刻以迅雷不及掩耳的速度衝上前去加以啄食。那些倒楣的魚蝦，被牠吞進肚子時，一定還覺得莫名其妙吧！

一旦有天敵出現時，牠會立刻鑽入草叢深處躲藏，再也不會出現。所以在觀察灰胸秧雞時，一定要特別注意自己的行動，絕不能有太大的動作或發出聲響，否則你就欣賞不到牠那有趣的行為了。

灰胸秧雞的警覺性太高了，所以有關牠的生態習性、繁殖行為，至今仍不能完全明瞭。大家是否有興趣進一步解開牠們的謎團呢？不要猶豫了，拿起望遠鏡到水邊找尋牠們吧！

1. 常佇立不動，以觀察獵物的動向。
2. 幼鳥整體羽色黯淡，喙暗色。
3. 在泥灘上捕食小型蟹類。

1 | 2 3

燕鴴
夏天造訪台灣的草埔燕子
Glareola maldivarum

Profile

科別：燕鴴科
生息狀態：夏候鳥
分布海拔：低海拔
棲息環境：田野、海邊
英文名：Oriental Pratincole

每年夏天在台灣停留的夏候鳥並不多，牠們飛來台灣，是以繁殖下一代為最主要的目標，燕鴴就是其中最普遍易見的夏候鳥之一。由於燕鴴棲息繁殖於濱海的草地、旱田之中，尾羽又像燕子般分叉，覓食方式也和燕子一樣，飛翔於空中捕食昆蟲，所以有人稱牠們為「草埔燕子」。

燕鴴在分類上屬鴴形目燕鴴科，是一種全長約二十七公分的中型鳥類。雌、雄鳥間的差異性並不大，其中微小的不同就在於眼先，也就是眼睛最前端的部分。燕鴴雄鳥的眼先為黑色，而雌鳥為暗褐色，牠們只有如此微小的差異，所以在野外辨認時要特別注意，才不至於認錯。

燕鴴主要分布在西伯利亞東北部，中國大陸東北部，蒙古、日本、台灣及菲律賓等地，在台灣地區是屬於局部普遍之夏候鳥，尤其以中部以南及東部較為常見，北部地區只有在過境期間才有可能發現。牠們大多在三、四月分抵達台灣，在河床、旱田、沼澤、河口甚至乾涸的魚塭等地築巢繁殖，一直要到九月以後才陸續離開台灣，重新返回度冬地。

燕鴴繁殖時和一般鳥類不大一樣，牠們並不築巢，而是將卵產於地面淺凹處，每巢約產三、四枚卵，外表為褐色，並且密生著暗色斑點，外型類似小鵝卵石，有極佳的偽裝效果。

萬一天敵發現巢位時，親鳥還會施展出「擬傷」的特殊動作，誘引天敵離開。燕鴴的繁殖行為極為獨特有趣，值得仔細觀察。在夏日裡可以帶著望遠鏡，到海邊的草地上去找尋這種造型獨特、行為有趣的草埔燕子。

1 | 2 3

1. 南遷途中，暫歇恆春半島時已轉換為非繁殖羽。
2. 幼鳥全身密布斑點，深具隱蔽效果。
3. 燕鴴直接把蛋產於地上，雌、雄輪流孵卵。

丹頂鶴
的頭頂真的是毒藥嗎？
Grus japonensis

Profile

科別：鶴科
生息狀態：迷鳥
分布海拔：低海拔
棲息環境：河口、溼地
英文名：Red-crowned Crane

棲息、繁殖於沼澤溼地。

在中國的花鳥畫裡，鶴是畫家經常運用的題材之一，但國畫家往往未能在大自然中詳細的觀察鶴的形態，所以畫出來的鶴和實際上的模樣或多或少都有些不同。有些畫家所要表達的只是意境，我們也不能因此而加以苛責，但一般人在從事野外觀察時，就一定要非常仔細，絕不能有錯誤的描述，這就是一種求真的科學精神。

在花鳥畫中最常被描繪的鶴就是丹頂鶴，由於牠的形態優美鳴聲嘹亮，古人稱之為仙禽，又傳說仙人以鶴為伴，故又有仙鶴之稱。牠主要繁殖於西伯利亞東部烏蘇里地方及黑龍江流域，中國東北地區和日本北海道等地，冬季則遷徙到中國華東地區及韓國等地度冬。

丹頂鶴頭頂的皮膚裸露且為朱紅色，像肉冠的樣子，即所謂的鶴頂紅。不過，在這裡要澄清的是，小說裡所寫的劇毒藥物「鶴頂紅」，和牠是毫無關係的。丹頂鶴全身羽毛及尾羽均為白色，但因雙翼的初級飛羽為黑色，而且覆蓋在尾羽之上，所以常常被誤認牠有黑色的尾羽。

群飛（攝於日本北海道）

丹頂鶴主要生活於長滿蘆葦或水草的沼澤地帶，夜間則棲息於水中的淺灘中。由於腳趾的構造不同，所以牠是不會停棲在樹上的。國畫中常出現以「松鶴」為題材的畫作，其實就是錯誤的組合。

丹頂鶴在台灣是迷鳥，西元 1932 年曾在宜蘭羅東海邊發現二隻，七十年後才於 2004 年冬季在東北角發現一隻亞成鳥，不過這一隻大家稱之為「丹丹」的丹頂鶴，飛往新竹海邊覓食時，遭到空軍驅鳥作業的流彈所傷，目前在木柵動物園療養中。日本及中國大陸的一些保護區，在冬季採行人工投餌餵養的方式，誘引丹頂鶴停留在繁殖區度冬。因此冬季丹頂鶴向南遷徙的數量大為減少，連帶的我們要在台灣發現丹頂鶴的機會也就更渺茫了。

理羽中的丹頂鶴。（攝於江蘇鹽城）

蒼翡翠
有漂亮的銀藍色羽毛
Halcyon smyrnensis

Profile

科別：翠鳥科

生息狀態：稀有過境鳥、留鳥（金門）

分布海拔：低海拔

棲息環境：溪流、河口

英文名：White-throated Kingfisher

翠鳥科鳥類是捕魚的高手，所以這一科鳥類都有超大型的喙，讓牠們可以輕易的挾住魚類。同時牠們大都擁有一身豔麗的羽毛，當牠們從水面上飛過，就宛如一道金光閃過天際，這也讓牠們得到「金鳥仔」的鄉土俗稱。

蒼翡翠是大型的翠鳥科鳥類，全身大致為棕色，背部、尾部是有金屬光澤的銀藍色羽毛，嘴及腳暗紅色，最特別的是喉及前胸有一大片白色的羽毛，所以也有人稱牠們為「白胸翡翠」。如果看到牠們暗紅色的嘴和腳，開始轉變為橙紅色時，就表示繁殖季節已經開始，牠們將要展開一年一度傳宗接代的大事了。

蒼翡翠和其他同科鳥類稍有不同，牠並不以魚類為主食，而是會獵捕蟹類、兩棲、爬蟲類及昆蟲等；為了捕食，牠常棲息於水邊的岩石上，也常藏匿在水邊的樹林中，等待那些倒楣獵物的出現。

這麼漂亮的鳥類，在台灣卻不容易見到，牠在台灣是屬於迷鳥，出現的機會是少之又少的。在海峽對岸的金門地區及馬祖列島是不普遍的留鳥，所以比較有機會可以觀察到牠們。下次如果到金門或馬祖地區旅遊，在飽覽戰地風光之餘，也到水邊去注意看看，說不定就有機會一睹蒼翡翠捉螃蟹的英姿。

1. 背部藍綠色金屬光澤的羽毛是清代流行首飾「點翠」的主要原料。
1 ｜ 2 3　2. 喉及前胸的白色羽毛讓牠們被稱為「白胸翡翠」。
　　　　3. 羽毛豔麗，引人注目。

虎頭海鵰

跟著浮冰漂流

Haliaeetus pelagicus

Profile

科別：鷹科

生息狀態：台灣未分布

分布海拔：低海拔

棲息環境：河口、溼地

英文名：Steller's Sea Eagle

鷹科中的海鵰屬，和魚鷹一樣，是以魚類為食，所以終年棲居於大型湖泊和海岸附近。由於台灣並不是海鵰的主要分布區域，有記錄的三種海鵰──虎頭海鵰、白尾海鵰及白腹海鵰，全部屬於迷鳥，都只有極少數的發現記錄。海鵰都是大型鳥類，而其中又以虎頭海鵰的體型最為龐大。

虎頭海鵰羽毛大致為黑色，僅額、肩羽、下腹部及尾部為純白色，全身真可說是黑白分明。其中最顯眼的是牠那鮮黃色的喙，是三種海鵰中最為粗長的，在野外十分容易辨認。

牠們主要的繁殖區，在西伯利亞東部沿海地區及半島。每年三月以後，海上天氣轉暖，鄂霍次克海上的冰山崩解，浮冰隨著洋流向南漂流，牠們就棲息在浮冰上，隨著漂徙到日本北海道東北部知床半島的羅臼町一帶。

在這一段時間，有許多人從日本及世界各地，前來羅臼町觀賞或拍攝虎頭海鵰，造成春季的賞鳥熱潮。當地的漁民甚至把漁船改裝成觀光船，載運客人出海去賞鳥。在無法出海捕魚的冬季裡，也讓漁民增加一筆不錯的收入。

1 | 2 3　　1. 繁殖於堪察加半島、鄂霍次克海沿岸等地，隨著流冰遷移至日本北海道度冬。
　　　　　2. 幼鳥喙淡色，全身羽毛暗褐色。
　　　　　3. 為全世界平均體重最重的鷹類，平均重達 6.8 公斤。

高蹺鴴

看高蹺鴴表演踩高蹺

Himantopus himantopus

Profile

科別：長腳鷸科

生息狀態：冬候鳥、留鳥

分布海拔：低海拔

棲息環境：河口、溼地

英文名：Black-winged Stilt

巢、卵及剛孵出的幼鳥。

在農業社會的時代中，農耕是人們最主要的收入來源，耕作時需要倚賴大自然的幫忙，才會有豐盛的收穫，所以對周遭的神祇非常崇敬，不但建有許多廟宇來奉祀，更會舉辦廟會活動來酬謝祂們。

每當舉行廟會時，會有各種不同的陣頭前來表演，顯得格外熱鬧，而在這許許多多的陣頭當中，最令我著迷的就是「踩高蹺」的表演了；每當扮演成不同角色的演員，踩著高蹺出現時，常會讓我看得目不轉睛呢！所以當我發現高蹺鴴這種奇特的鳥兒後，不由得對牠們產生了特別的感受。

高蹺鴴在分類上屬長腳鷸科，全長約三十七公分，是一種體型高挑、修長，羽色黑白分明的涉禽，嘴細長、筆直，配上長得有點誇張，桃紅色的長腳，整體造型極為特殊，在野外易於辨識。

在早年賞鳥活動尚未普遍之時，高

雄鳥背部及翅膀黑色。

蹺鴴被認定為不普遍的冬候鳥，只有在台南附近的鹽田、魚塭中較容易發現。西元 1986 年台中大肚溪口第一次發現牠們築巢繁殖後，陸陸續續在南部地區發現集體繁殖的族群，因此我們才開始瞭解，牠們除了冬候鳥的族群外，還有一大部分是留鳥呢！

台南科技工業區成立後，在台南四草地區高蹺鴴的主要棲息地 —— 廣大的廢棄鹽田填土設廠，迫使高蹺鴴的族群向外擴散。時至今日，已分布於全台大部分地區了。

高蹺鴴在繁殖時將巢築於地面，雌、雄鳥共同分擔孵蛋、育雛的工作，雛鳥為早熟型，孵化後不久就可以自由行動，但初期仍依賴親鳥的照護。高蹺鴴的護巢性很強，所以觀察牠們時千萬不要太靠近牠們的巢位，否則可是會遭受牠們連續的飛行俯衝攻擊。

雌鳥（背部羽毛暗褐色）與幼鳥。

水雉

是菱角田上的凌波仙子

Hydrophasianus chirurgus

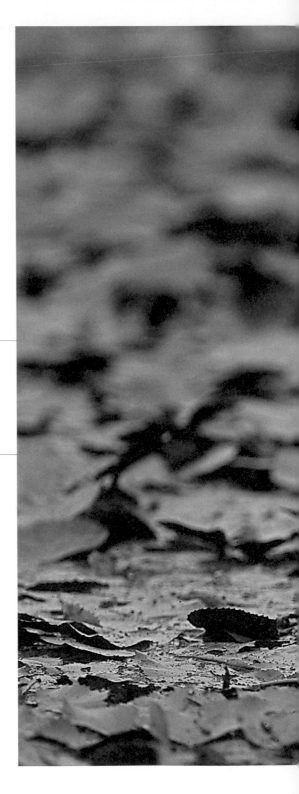

Profile

科別：水雉科

生息狀態：留鳥

分布海拔：低海拔

棲息環境：河口、溼地

英文名：Pheasant-tailed Jacana

三日齡幼鳥。

在台南官田附近，有許多大大小小的埤塘分布，日治時代日本工程師八田與一設計了烏山頭水庫、嘉南大圳等一系列的灌溉系統，使得嘉南平原的農業因此而大為興盛，成為台灣的穀倉。占著地利之便，烏山頭附近的農田水源充足，農民常在稻作結束後，整地改植菱角、荷花、茭白筍等水生作物，尤其是官田鄉，可說是全台菱角的最大生產地。

有一種鳥類，生活在這些水生植物中，覓食水中的螺類與昆蟲。牠具有很長的趾爪，可以在漂浮水面的植物上行走，牠的性情溫馴、舉止文雅，因而有凌波仙子的美稱，這一種鳥類就是台南市的市鳥——水雉。

水雉在台灣地區是稀有留鳥，主要分布在北回歸線以南，活動於平地郊野的菱角田，和長滿布袋蓮、水草之河川、池塘及稻田等地，然而最常見到牠的地方還是在菱角田中，所以牠又有一個「菱角鳥」的閩南語俗稱。

每年夏天，水雉就在菱角田中築巢繁殖。牠的繁殖方式很奇特，採一妻多

冬羽（非繁殖羽）羽色黯淡，較不顯眼。

夫的方式，當雌鳥把卵產下以後，牠就不再參與繁殖的工作了，轉而與別的雄鳥配對，展開另一段繁殖過程。抱卵、育雛的工作全都由雄鳥負責。牠的雛鳥是早熟性的鳥類，孵化後不久就可以自己行走、覓食了。

由於水雉的繁殖季節，恰好也是菱角採收的時候，所以牠的巢、卵常受到破壞，而無法順利的繁殖下一代；加上牠賴以棲息的菱角田，也常因建築、修路或農民改植別種作物而消失，因此水雉的數量也就逐年減少。台南市野鳥學會曾經調查、研究過水雉，發現牠實在是比黑面琵鷺還更有可能在台灣消失的瀕危物種，急需要我們大力保護。

2 | 1
3

1. 雄鳥與剛破殼之幼鳥。
2. 雌、雄外型相似，但雌鳥體型較大，尾羽略寬。
3. 喜棲息於長滿浮水植物之沼澤、池塘。

黑鳶

抓小雞的老鷹跑去哪裡了?

Milvus migrans

Profile

科別:鷹科

生息狀態:留鳥

分布海拔:低海拔

棲息環境:森林、城市

英文名:Black Kite

捕捉昆蟲育雛。

記得我還在讀小學的時候，不管是上體育課或在下課休息時間，最常玩的遊戲就是「老鷹抓小雞」。如今在校園中已經很少有人玩這種遊戲了，可能還有許多小學生，連「老鷹抓小雞」是怎麼玩都不知道呢。

「老鷹抓小雞」這種遊戲式微的同時，正好反映了另一個現實問題，就是原本在台灣相當普遍易見的老鷹，現在已經成為極為少見的珍稀鳥類了。

老鷹又稱「黑鳶」，為台灣地區不普遍之留鳥及冬候鳥，比較常發現牠們蹤影的地方是港口附近、海岸、靠近海邊的草澤，以及內陸之大型水域如水庫、湖泊等處。老鷹通常單獨或成小群的方式活動及覓食，除了捕捉魚類、兩棲、爬蟲類、鳥類為食外，還會撿拾動物腐屍及垃圾堆中的剩餘食物，所以牠和巨嘴鴉一樣，都是「大自然的清道夫」。

每年三到六月繁殖，營巢於緊鄰懸崖之高大樹木上，會重複使用舊巢。每巢產一至二枚卵，育雛期間，雄鳥負責狩獵，獵物交給雌鳥處理後入巢餵食。

在距離現在約三、四十年之前，台灣的天空還經常可以看到老鷹飛翔，這時候家家戶戶就會把在外遊蕩的雞群趕

飛行於空中時，初級飛羽基部之白色翼斑明顯，為重要的辨識特徵。

回雞舍去，以免一不小心被老鷹抓去當食物。後來台灣經濟開始起飛，農業技術也開始發展，農民為了增加農作物的收穫，就在農田中灑了許多農藥、肥料，結果卻替位居於食物鏈頂端位置的老鷹，帶來了致命的浩劫。

因為老鷹會食用小動物和動物屍體，許多在田間活動的小動物被農藥毒死後，當老鷹吃下肚，殘留在屍體中的農藥就會累積體內，因而造成牠們大量死亡。尤其是殺蟲劑 DDT 的毒害，更讓牠們所產的蛋殼變薄，根本不能孵育出下一代，於是牠們的數量就越來越少了。

台灣現在只剩下基隆港、曾文水庫及屏東內埔等三個地方，比較容易看得到老鷹翱翔在天際，如果想觀察這一種曾經雄霸台灣天空的猛禽，不妨到上述地區去碰碰運氣吧！

雌鳥與幼鳥。

巢中幼鳥，此巢只繁殖一隻幼鳥（通常會有兩隻幼鳥）。

灰鶺鴒

欣賞灰鶺鴒的波浪狀飛行

Motacilla cinerea

Profile

科別：鶺鴒科

生息狀態：冬候鳥

分布海拔：中、低海拔

棲息環境：溪流、田野

英文名：Gray Wagtail

鶺鴒科鳥類在冬天比較常見，牠們的鄉土俗名為「牛屎鳥仔」，這是因為牠們大多棲息於草原或溪床，常見其覓食牛屎堆中的小飛蟲或蛆而得名。

在台灣常見的鶺鴒科鳥類有黃鶺鴒、白鶺鴒與灰鶺鴒等三種，其中最偏好在溼地、溪流上活動的，則非灰鶺鴒莫屬。

灰鶺鴒為台灣地區普遍的冬候鳥與稀有留鳥，每年九月以後，就常出現於中、低海拔之山澗、溪流等水域地帶，有時也會出現於山區公路旁之溝渠附近。除了遷徙季節會集合成群出現外，其餘時間牠都單獨活動。牠們常一邊行走、覓食，一邊上下擺動尾羽，在地面或淺水中捕捉昆蟲，常有昆蟲飛過，也會起飛啄食。牠們的生性十分機警，極不容易接近，稍微受到驚擾就會飛離，飛行時呈波浪狀，一邊飛一邊發出「唧－唧－」的鳴叫聲。

灰鶺鴒的外型、羽色和黃鶺鴒極為相似，初學者往往不易加以辨認。在此我要教大家一個簡易的辨認方法，那就是觀察牠的足部。在台灣可以見到的鶺鴒科鳥類足部，都是黑色或暗色，唯獨灰鶺鴒的足部為肉色，只要掌握此一訣竅，便不難將牠們給分辨出來了。

1. 雄鳥繁殖羽喉部羽毛由白轉為黑色，有明顯的白眉線及頰線。
2. 常出現在溪流中捕捉水生昆蟲。
3. 體型修長，行走時會上下擺動尾羽。

1 | 2 3

台灣紫嘯鶇
的鳴叫就像剎車聲
Myophonus insularis

Profile

科別：鶇科

生息狀態：留鳥

分布海拔：中、低海拔

棲息環境：溪流

英文名：Formosan Whistling-Thrush

當你有機會到山區旅遊，行走在溪澗附近或經過潮溼的森林邊緣，有時你會突然聽到「唧──」一聲尖銳的剎車聲，讓你不由自主地停下腳步，以為有人騎車衝了過來，可是回頭一看，卻又什麼也見不到，常會讓人愣在當場，不知究竟發生了什麼事？其實你聽到的聲音，不是腳踏車的剎車聲，而是台灣特有種鳥類，台灣紫嘯鶇的鳴叫聲。

台灣紫嘯鶇在鳥類分類中屬於鶇科，普遍分布於全島的中、低海拔山區，牠經常出現在陰暗潮溼之處，這時全身藍紫色的羽毛，讓牠在光線微弱的環境中，具有極大的隱蔽效果。牠的肩羽為泛著金屬光澤的寶藍色，這種具有光澤的羽毛，是許多棲息在陰暗環境中的鳥類如八色鳥、藍腹鷴、翠翼鳩、白尾鴝等所共同具有的特徵。鳥類為什麼擁有這種羽毛，它的實際作用一直到現在仍然讓人弄不明白，但推測可能具有彼此通訊上的功能吧！

紫嘯鶇的食物，主要以動物性物質為主，除了蜥蜴、蚯蚓以外，還有人觀察到牠曾捕食小蛇呢！在每年二、三月山桐子果實成熟的時候，牠也會飛上枝頭啄食其果實，所以牠應該是一種雜食性的鳥類。

紫嘯鶇在台灣的數量相當普遍，鳴叫聲又很響亮，是一種相當容易觀察的鳥類。

1. 棲息於山區溪流及附近之峽谷、岩壁。
1 ｜ 2 3 2. 水浴。
3. 築巢地點多變，岩石隙縫、橋墩，甚至住家都曾發現。

魚鷹

在河之洲的關關雎鳩

Pandion haliaetus

Profile

科別：鶚科

生息狀態：冬候鳥

分布海拔：低海拔

棲息環境：河口、溼地

英文名：Osprey

278

魚鷹就是古人說的「鶚」，《本草綱目》裡頭這樣描寫牠：「鶚，狀可愕故謂之鶚。其視睢健，故謂之睢。鶚，雕類也。似鷹而土黃色，深目好峙，雌雄相得，鷙而有別，交則雙翔，別則異處，能翱翔水上捕食魚。」

《詩經·周南·關雎》則有一句：「關關雎鳩，在河之洲。」古代的「鳩」有五種，其中的雎鳩就是魚鷹，關關即其鳴聲，可見在古時候就對魚鷹有極深刻的描寫了。

魚鷹在分類上只有一科一種，沒有「屬」的分化，有的學者則將牠歸納於鷹科之下。牠除了在南美沒有繁殖記錄外，廣泛分布於全世界。一般的鷹科猛禽大多以囓齒類、哺乳類及爬蟲類等為食，但魚鷹卻以魚為主食，所以牠大多活動於海濱或湖泊，有時會飛到海拔較高的山地溪流之間。通常單獨活動，飛翔於離水面十至三十公尺的空中找尋魚類，發現後在空中定點振翅，確定目標後縮翅俯衝入水捕魚。不過這招並不是每次都能成功，而且還曾有幼鳥為了抓大魚，反而被拖進水中溺死的報告。

魚的身上充滿黏液，非常滑溜不易抓握。魚鷹為了捕食魚類，身體的構造有了和其他猛禽不同的特化，牠的趾爪很長且強而有力，在捕食的那一剎那，外趾可以翻轉向後，形成兩趾前，兩趾後的鉤狀結構；另外，牠的腳趾裡面有許多角質狀的突起，可以增加摩擦力，這都是便於緊抓住魚的絕技。

牠是台灣普遍的冬候鳥，全島從北到南的水域地帶，甚至外島金門、馬祖及澎湖等地，幾乎都可以找到牠的蹤跡，是一種很容易觀察的猛禽。

1. 覓食時會在空中定點飛行，以鎖定水中魚類。
1 | 2 3　2. 巢與親鳥（攝於美國佛羅里達）
3. 幼鳥背部及翅膀密布淡色羽緣，是主要的辨識特徵。

鸕鷀
漁翁養群摸魚的鸕鷀
Phalacrocorax carbo

Profile

科別：鸕鷀科
生息狀態：冬候鳥
分布海拔：低海拔
棲息環境：河口、湖泊
英文名：Great Cormorant

記得以前曾讀過一首描寫漁夫捕魚的詩，詩是這樣寫的：「十網捕魚九網空，垂竿釣魚魚無蹤；漁翁別有得魚法，舟中養群摸魚公。」當時我對詩中「摸魚公」這句百思不解，後來開始研究鳥類以後才知道，原來摸魚公就是鸕鷀的俗稱。鸕鷀是水中的捉魚高手，中國大陸江南一帶的漁民，家家戶戶都養牠們來捉魚的。

鸕鷀是屬於鸕鷀科的大型鳥類，全長約八十二公分，主要分布於亞洲南部，在台灣地區為每年十一月至翌年四月間普遍的冬候鳥。牠的全身大致為有光澤的藍灰色，嘴呈半圓筒狀，下嘴直而扁，上嘴彎曲成鉤狀，是捕魚的最佳利器，喉部特別發達且具有伸縮性，可脹成袋狀供貯存魚類之用。

鸕鷀主要生活於海灣、湖泊及河川等地，善於潛水捕魚，可以在水中停留三、四十秒，潛水深度平常約在五公尺左右，有時亦可深達十公尺處。雖然會潛水，但是牠的尾部少了可以分泌油脂的腺體，所以羽毛不具有防水功能，經常可以看見剛上岸的鸕鷀伸展雙翅，擺出晾晒羽毛的特殊動作。

鸕鷀在台灣度冬時，以南部地區較為常見，從嘉義鰲鼓溼地、東石布袋鹽田、台南七股潟湖、高雄鳳山水庫到墾丁龍鑾潭等都有分布。族群數量眾多，是很容易觀察到的水鳥，可是在觀賞時一定要特別謹慎，別嚇跑牠們，才能好好欣賞牠們潛水捕魚的精彩畫面。

1 | 2 | 3

1. 繁殖初期，頭頸出現大片白色絲羽，交配後逐漸脫落，腿上體側有大塊白斑。
2. 非繁殖羽頭頸無絲羽，體側無白斑。
3. 金門慈湖的鸕鷀夜歸，是吸引遊客的一大勝景。

白琵鷺

常混在黑面琵鷺當中

Platalea leucorodia

Profile

科別：鹮科
生息狀態：稀有冬候鳥
分布海拔：低海拔
棲息環境：河口、溼地
英文名：Eurasian Spoonbill

捕食魚類的白琵鷺。

黑面琵鷺是一種瀕危的珍稀鳥類，估計全世界大約只剩下二千多隻，由於牠們的數量實在太少了，照常理推論應該是很難看到牠們的。可是每年冬天，都有超過一千隻以上的黑面琵鷺在台南曾文溪出海口附近度冬，所以對台灣人來說，牠們是很容易見到的鳥類。

相反的，外形與黑面琵鷺十分相似的白琵鷺，每年最多只有個位數的數量飛抵台灣度冬，而且常混棲黑面琵鷺群中，不仔細觀察分辨，根本就找不到。

雖然白琵鷺算是台灣的珍稀鳥類，但是對全世界而言，牠卻是分布極廣，族群數量龐大的鳥類。

瀕危的珍稀鳥類黑面琵鷺在台灣輕易可見，而數量極多的白琵鷺，卻反而難以見到，大家會不會覺得這個現象非常奇特呢？

白琵鷺與黑面琵鷺同樣屬於鶆科，所以牠們的外型與習性都十分相似，不同的是，白琵鷺眼睛周圍的皮膚為白色，而黑面琵鷺則是黑色；另外，白琵鷺的體型也略大於黑面琵鷺。

白琵鷺的分布遠較黑面琵鷺更廣，除了歐、亞大陸外，非洲及印度北部地區也有分布，我就曾經在印度北部凱奧拉德奧國家公園（Keoladeo Ghana National Park），觀察並拍攝到白琵鷺在樹上集體營巢繁殖的情形。

　　下次到曾文溪口去觀賞黑面琵鷺時，不妨仔細找找，或許有機會可以發現台灣少見的鳥類白琵鷺。

	2
1	3

1. 每年冬季，都會有一、二隻白琵鷺，混棲於黑面琵鷺群中。
2. 白琵鷺巢與幼鳥（攝於印度）
3. 白琵鷺（左）的體型比黑面琵鷺（右）更大。

黑面琵鷺

是備受寵愛的候鳥明星

Platalea minor

Profile

科別：鹮科

生息狀態：冬候鳥

分布海拔：低海拔

棲息環境：河口、溼地

英文名：Black-faced Spoonbill

在所有的台灣鳥類當中，如果要找出一種大家較為熟悉的鳥種，除了麻雀、鴿子以外，可能就是知名度頗高的黑面琵鷺了。黑面琵鷺是一種瀕臨絕種的稀有鳥種，全世界僅剩二千多隻，卻有一半以上選擇在台灣台南的七股與四草地區度冬。每當黑面琵鷺賞鳥季時，就會吸引所有的新聞媒體注意，並加以報導，所以大家才會對牠們印象深刻。

黑面琵鷺在分類上屬於䴉科，全長約七十四公分，為大型鳥類。在台灣地區是局部普遍的冬候鳥，大概在每年十月的中、下旬抵達台灣度冬，一直要到第二年的四、五月間才陸續離開台灣，返回北方的繁殖地。算一算日子，牠停留在台灣的時間大約有七、八個月之久。

黑面琵鷺最奇特的地方，就是牠那造型很像國樂琵琶的又長又扁的大嘴巴，也就是因為這張琵琶狀的嘴巴，而被稱為「黑面琵鷺」。不要小看牠的琵琶嘴，嘴的兩側布滿了敏銳的神經，如果在水中碰到獵物，不管是魚或蝦，都逃不過牠大嘴的一夾，葬身於黑面琵鷺的五臟廟裡。

黑面琵鷺因十分稀有而難以見到，卻每年都造訪台灣，讓台灣民眾可以輕易地觀賞牠們。而世界上其他地區的人們要想看見黑面琵鷺，則需要長途跋涉才能得償宿願，相較之下，我們算是得天獨厚，極其幸運！所以千萬要把握機會，趁牠們還停留在台灣的時候，好好的去觀賞這種可愛的鳥吧！

1 | 2 3
1. 琵琶狀的長嘴巴，兩側布滿敏感神經，有利於捕捉魚類。
2. 繁殖羽後頭長有黃色長飾羽，頸、前胸黃色。
3. 非繁殖期全身羽毛白色，沒有任何飾羽。

太平洋金斑鴴

圓滾滾又有喜感

Pluvialis fulva

Profile

科別：鴴科
生息狀態：冬候鳥
分布海拔：低海拔
棲息環境：河口、溼地
英文名：Pacific Golden-Plover

台灣常見的鴴科鳥類，大多數是既敏感又膽小，非常難以接近。往往稍有一點點風吹草動，就立刻逃之夭夭，只留下賞鳥者或攝影者呆立現場，滿心惆悵。但是其中卻有一種鴴科鳥類膽子特別大，只要你沒有什麼突兀的動作，牠就會走到離你極近的距離，可以讓你仔仔細細地看個夠。這種神經特別大條的鳥類，就是太平洋金斑鴴。

太平洋金斑鴴的體型圓滾滾的，非常富有喜感，牠是因為身體由頭頂一直到背上及尾部的羽毛，都密布著金黃色的斑點而得名。牠的繁殖羽（夏羽）及非繁殖羽（冬羽）之間的變化非常大，夏羽臉及胸、腹部的羽毛，會由冬羽時的黃褐色轉變為墨黑色，所以也有人稱牠們為黑胸鴴。

太平洋金斑鴴在分類上屬於鴴科、斑鴴屬，為台灣普遍的冬候鳥。牠們大多在九月分時到達，為本省較早抵達的水鳥，一直停留到隔年五月分左右，才再度北返，但因滯留在台灣度夏的數量也不少，所以幾乎終年可見。牠們對環境的接受程度，較其他鴴科鳥類為大，不但在海岸、河口及鹽田、沼澤可見，就連近海之草地、農田、牧場等較乾燥的環境中，亦偶爾可見。

太平洋金斑鴴的體型遠較一般岸鳥為大，所以在大老遠就能在眾多岸鳥中發現牠們。牠們的動作不急不徐，是一種極為優雅的鳥類。

1. 常出現於海邊、河口、沼澤及鹽田等溼地，也會出現於近海的旱地與牧場。

1 | 2 3   2. 非繁殖羽體羽的黑色部分消失，整體感覺樸素。

3. 伸展翅膀的金斑鴴身上羽毛已開始轉變為繁殖羽。

緋秧雞

來為緋秧雞正個名

Porzana fusca

Profile

科別：秧雞科

生息狀態：留鳥

分布海拔：低海拔

棲息環境：田野、溼地

英文名：Ruddy-breasted Crake

在社會上有許多常用字，其讀音不知從什麼時候開始就被唸錯了，在積非成是的觀念下，即使你讀正確的音，卻還是被認為是錯的。最明顯的一個例子就是「緋」聞的緋（ㄈㄟ）字，不論是廣播或電視台的主播、記者、主持人或來賓，甚至一般社會大眾，都把它讀作「緋（ㄈㄟˇ）聞」，犯了這種似是而非的錯誤。

為什麼要提出這樣一個例子呢？原因是有一種鳥叫緋秧雞，可是鳥友們老愛「緋（ㄈㄟˇ）秧雞、緋（ㄈㄟˇ）秧雞」的叫個不停，希望所有的人看到這一篇文章以後，不要再犯同樣的錯誤了。

緋秧雞是一種生活在湖泊、池塘及草澤等田野、溼地邊緣的秧雞科鳥類，全長約十公分，是台灣可見之秧雞科鳥類中體型最嬌小的。牠是一種雜食性鳥類，主要以水生昆蟲及植物種子為食。

每年三月至七月間，為緋秧雞的繁殖季節，牠們常把巢築在水田旁之草地上，每巢約產五至七顆蛋。牠在孵蛋期間，非常容易因遭受到驚嚇而棄巢，所以在這一段時間，要接近其巢位時需特別小心。

緋秧雞在野外的數量並不算少，但因其警覺性強及善於隱匿，要發現牠們並不容易，所以在大家的印象中，認為牠們非常稀有。其實在清晨或黃昏靜靜的守候，就有機會觀察到從草叢中走出來覓食的緋秧雞。

1　2　3

1. 築於水邊的巢與卵。
2. 警覺性高，善於隱匿，極不容易觀察。
3. 在水中覓食無脊椎生物。

反嘴鴴

的嘴翹翹

Recurvirostra avosetta

Profile

科別：長腳鷸科

生息狀態：局部普遍冬候鳥

分布海拔：低海拔

棲息環境：河口、溼地

英文名：Pied Avocet

鳥的喙會因功能不同而長成不同的形狀，文鳥、雀科鳥喙厚實，適於咬開堅硬的種子；鷺科鳥類尖長的喙有利於啄食；雁鴨科扁平且邊緣有鋸齒的喙，不管是濾食或切割都很方便；鷹科、鶹鴉科鉤狀的喙可以輕易的撕裂肉類。只是不管形狀如何，多數的喙都是往前伸直或向下彎曲，而少有向上翹，所以少數喙向上翹的鳥類就常被冠以「反嘴」兩字，以顯示其嘴部造型特殊，有別於一般鳥的喙，反嘴鴴就是「反嘴」的水鳥，是種造型優雅而特殊的鳥類。

反嘴鴴屬長腳鷸科反嘴長腳鷸屬，在本屬的四種鳥類中分布範圍最廣，不論是歐亞大陸或非洲濱海地區，都可見到牠的形影。台灣恰好位於牠在亞洲東岸最偏遠的度冬地，所以族群數量稀少且分布極不平均。在早期被認為是稀有的冬候鳥，一旦發現牠的蹤跡後，總會吸引許多賞鳥者趕去欣賞牠的倩影。

近幾年在台南濱海地區發現一個反嘴鴴的度冬族群，其數量從十餘年前我開始調查時的五、六十隻，逐漸增加至近些年穩定維持在六百至八百隻的度冬族群。早期發現的反嘴鴴數量較少，可能是研究人力缺乏及裝備不足，無法深入觀察，因此較不易發現牠們所致。但目前反嘴鴴被認定為不普遍的冬候鳥，只有在台南附近的鹽田、魚塭中較容易發現。反嘴鴴在台南四草地區的度冬數量，呈現上升的趨勢是無庸置疑的。

反嘴鴴的羽色黑白分明，喙的造型特殊，加上牠覓食的姿態優雅，是一種值得觀賞的鳥種。在每年十一月分，牠會聚集在西濱公路（台十九線）台南四草段路旁的魚塭中，很容易就可以觀賞到牠們，是觀賞反嘴鴴的最佳地點。

1 ｜ 2　3

1. 幼鳥背部略顯褐色（攝於中國大陸遼寧省盤錦溼地）
2. 雌鳥體背黑色部分略淡，嘴上翹曲度較大。
3. 雄鳥全身黑白兩色對比強烈。

鉛色水鶇

最愛擺動牠的尾羽

Phoenicurus fuliginosa

Profile

科別：鶇科

生息狀態：留鳥

分布海拔：中、低海拔

棲息環境：溪流

英文名：Plumbeous Redstart

台灣由於地形陡峭，所形成的溪流大多數是短小急促。和河床寬大，水流平緩卻汙染嚴重的下游地帶迥然不同，溪流的中、上游地帶，河床上遍布著巨大岩石，許多深潭與瀑布羅列密布，不但水流清澈見底，水中更棲息著無數的魚、蝦、水生昆蟲及螃蟹，這樣的環境正是台灣極為普遍的溪流鳥類——鉛色水鶇，最喜歡的生存空間了。

鉛色水鶇屬鶇科，為台灣特有亞種鳥類，體長僅有十三公分，在鳥類中算是小型。雌鳥與雄鳥羽色略有差異，雄鳥全身大致為暗鉛色，尾羽則是栗紅色，而雌鳥羽色偏淺灰色，且尾羽也不是紅色，所以在野外分辨起來並不太困難。

鉛色水鶇的領域性非常強，在野外常見牠驅趕入侵勢力範圍的鳥類，包括別的鉛色水鶇、白鶺鴒與灰鶺鴒等等。

在繁殖時期，雄鳥會展現其天賦的好歌喉來吸引雌鳥青睞，牠的鳴叫聲細碎而婉轉動聽，常讓初次聽到的人，為之傾倒不已。

平時牠們經常佇立在溪流的石頭上，不停地一上一下、一開一闔地擺動尾羽，乍看之下好像很悠閒，其實牠正全神貫注的留意周遭環境變化。溪流中的水生昆蟲，是牠喜愛的美味佳餚，一旦發現了，牠會立刻上前捕食，就連空中的飛蟲如蛾、蝴蝶、蜻蜓等，如果不慎飛經牠的上空，牠也會施展空中攔截的本事，往往都能順利的「口」到擒來。

如果你喜歡這樣可愛的溪澗鳥，有機會時就拿著望遠鏡到溪邊守候牠們的蹤影吧！

1 | 2 3
1. 雌鳥體羽淡鉛灰色，胸腹密布淡色斑點。
2. 常棲息於溪流、溼地附近之岩石上。
3. 幼鳥通體偏褐色，頭、胸、腹密布白斑。

彩鷸

奉行一妻多夫制

Rostratula benghalensis

Profile

科別：彩鷸科
生息狀態：留鳥
分布海拔：低海拔
棲息環境：河口、溼地
英文名：Greater Snipe

台灣因位於較低緯度地區的關係，幾乎沒有鷸科鳥類在此地繁殖，但奇特的是，有一種外形與鷸科鳥類極為相似的彩鷸，卻在這兒繁殖。

彩鷸雖然和鷸科鳥類一樣，同屬鷸形目，也同樣具有長長的喙，圓圓胖胖的體型，甚至連生活習性也很類似，但是牠卻是歸納於較特殊的彩鷸科中。彩鷸在生殖行為上，與鷸科鳥類明顯不同，反而和水雉科鳥類更為接近。

彩鷸是台灣地區不普遍的留鳥與夏候鳥，夏候鳥的族群大約在每年四月分時抵達。牠們主要棲息於水田、草澤及廢耕地中，尤其喜好躲藏在荷花或芋頭田裡。牠們大多結成小群，在晨昏時活動，捕捉昆蟲、軟體動物或甲殼類等作為食物。

彩鷸的性情機警，行動極為隱密，受到驚嚇時立刻會伏臥在原地不動，讓人無法察覺，除非干擾過於接近，否則牠是不會起飛避敵的。

彩鷸雌鳥的頭、頸、胸部為栗褐色，而雄鳥則為較淡的棕灰色；整體而言，雌鳥的羽色比雄鳥鮮豔，所以牠們的繁殖方式是採雌性主導的一妻多夫制。雌鳥必須建立地盤並主動求偶，而孵卵與育雛工作，則完全交由雄鳥負責。

其實在都會邊緣的農田之中，就有機會可以發現牠們。雖然牠們具有良好的保護色，但是只要仔細尋找，還是有很大的機會可以發現牠們。

1 | 2 3

1. 育雛中的雄鳥與幼鳥。
2. 棲息覓食於溼地、沼澤及附近草原。
3. 雌鳥體型較大，羽色豔麗，雄鳥以灰褐色為主。

小鸊鷉
的潛水功力了得
Tachybaptus ruficollis

Profile

科別：鸊鷉科
生息狀態：冬候鳥、留鳥
分布海拔：中、海拔
棲息環境：湖泊、溼地
英文名：Little Grebe

一般人在賞鳥活動中，透過望遠鏡看到牠們在水面上載浮載沉的身影時，大多會禁不住喊：「鴨子！鴨子！」其實牠們並不是鴨子。這種經常被誤認為鴨子的鳥類，就是水塘中普遍易見的小鸊鷉。

小鸊鷉是屬於鸊鷉科的鳥類，牠和鴨子一樣都是生活在水中，外型乍看之下也很類似，難怪大家會搞錯。但是只要仔細觀察，牠們之間還是有許多差異，外型上鴨子是長胖型，小鸊鷉是圓胖型；小鸊鷉的喙尖尖的，鴨子則是扁平的；鴨子具有較長的尾羽，而小鸊鷉尾部只有稀稀疏疏的一小撮羽毛；鴨子的腳長在腹部較前端，腳趾間有皮膜狀的蹼，小鸊鷉的腳則長在腹部後端，腳趾間是瓣蹼。

因為身體結構上的不同，所以小鸊鷉雖然和雁鴨一樣，生活在同一水域中，但是習性卻完全不同。小鸊鷉的腳長在腹部後端，讓牠在陸地上行走時極為笨拙，但當牠潛水時卻成為很好的推進器，尖尖的嘴巴很容易捕捉到水中的魚蝦或水生昆蟲，這和鴨子用扁平嘴去濾食藻類或水生植物，兩者在覓食的方式上有顯著不同。

小鸊鷉的繁殖行為極為奇特而且有趣，每年五至八月是牠們的繁殖期，這時牠們會用水生植物的莖、葉在水面上堆積出一個巢，並在其中產下四至六個蛋，剛產下的蛋是純白色，隨著孵蛋時間的增加，蛋的顏色也會逐漸轉變成褐色。有外敵入侵時，小鸊鷉會迅速將蛋用巢材蓋好，然後潛水離開，讓敵人找不著牠的巢；在南部地區中午天很熱時，小鸊鷉還會站立在巢上快速的鼓動翅膀，以讓流動的空氣來冷卻牠們的蛋，這樣的行為是不是很奇妙呢？

1. 正午時分天氣炎熱時，小鸊鷉會有站立巢邊鼓翼搧風的特殊行為。

1 ｜ 2 3　2. 利用水生植物，在水上堆積出一個巢，並產卵於其中。

3. 繁殖期間，通常會在巢上交配。

埃及聖䴉
是法老王時代的聖鳥
Threskiornis aethiopicus

Profile

科別：䴉科

生息狀態：逸鳥

分布海拔：低海拔

棲息環境：河口、溼地

英文名：Sacred Ibis

埃及聖鹮在昔日埃及法老王時代，是極其珍貴且不可褻瀆的神聖鳥類。早在五千年以前這種鳥類就已經記載在象形文字之中，同時也被畫在壁畫上，根據這些記載，埃及聖鹮乃是記錄百姓行為的神——托特（Thot）之祕書。古代埃及國王去逝，會以此鳥陪葬，所以牠們也會跟帝王的木乃伊，一同被後世的人挖掘出來。波斯國王岡比西斯二世（Cambyses II）進攻埃及時，在他的軍隊前安排了四隻聖鹮作先鋒，居然使守備的埃及軍隊不戰而降，凡此種種都足以說明聖鹮在古埃及人心目中的崇高地位。

以往牠們在每年夏天，會跟著氾濫的尼羅河洪水從上游遷來埃及，沿途捕食蝗蟲，等到洪水退去後，牠們也跟著離開。但自西元 1876 年以後，埃及已見不到牠們的蹤跡了，如今牠們只棲息於埃及以南的非洲各地沼澤中。在十多年以前，台灣竟然出現了一小群聖鹮，牠們並不是慕寶島之名遠渡重洋來此定居的，而是自北部某家野生動物園中脫逃而來。這群逃出來的聖鹮顯然極為適應台灣環境，十餘年來，牠們的族群逐漸繁衍增加，現在估計數量大約已有數千隻了，牠們成群結隊出現在沿海及內陸的溼地中，在泥沼、草澤中捕食魚、蝦及兩棲、爬蟲類。

繁殖力頗為驚人的牠們，將來是否會排擠到台灣其他鳥類的生存空間，是我們在野外欣賞、觀察牠們之餘，所要思考的一個嚴肅課題。

成鳥頭頸部為黑色裸皮。

幼鳥頭頸部長有黑白羽毛。

小辮鴴
的頭上有辮子
Vanellus vanellus

Profile

科別：鴴科

生息狀態：冬候鳥

分布海拔：低海拔

棲息環境：河口、溼地

英文名：Northern Lapwing

在賞鳥的過程中，一些造型或顏色較為奇特的鳥種，往往是最容易讓人印象深刻而牢記不忘的，小辮鴴就是其中一個很好的例子，長在牠後頭的那一小撮細長冠毛，保證讓見過牠的人留下深刻印象，一輩子再也不會忘記。

小辮鴴在鳥類上為鴴科麥雞屬，頭上的辮子狀冠毛，讓牠們在中國大陸被稱為鳳頭麥雞。每年十一月以後，隨著一波波寒流的向南侵襲，牠們就會從寒冷的北方，南下到台灣來度冬。一直要到來年的三、四月間，氣候開始回暖之時，牠們才會返回北方的繁殖地。牠是台灣普遍的冬候鳥，所以每年十一月至隔年四月，是最容易見到牠的時候。

除了具有明顯的冠毛外，牠們羽毛顏色也十分特殊，背部羽毛是有明顯金屬光澤的蒼綠色，腹部為明亮的白色，腳部淡粉紅色，喉及前胸的羽毛是黑色，尾下覆羽是鮮豔的橙紅色，整體羽毛可說是對比分明，在野外極易於辨識。

小辮鴴喜好棲息於近海邊之大面積水田、溼地、廢耕地及短草地之中，在稍微比較靠內陸，但是具有相同環境的地方，也偶爾可以見到牠們的蹤影。牠們具有極強的群聚性，常集結成大群活動，最起碼也會聚成小群，單獨出現的機率可說少之又少。牠們的警戒心很強，在休息時也會經常抬頭警戒，稍有風吹草動，會立刻整群飛離。

小辮鴴的舉止優雅，動作從容不迫，是頗值得觀賞的水鳥，有機會的話，可以到海邊溼地去尋找牠們。

1 2 3

1. 棲息於開闊的水田、溼地、休耕地及草地。
2. 飛行時雙翼寬大似雞，故又名鳳頭麥雞。
3. 正在孵卵之雌鳥（攝於中國大陸黑龍江省大慶市近郊之喇嘛甸）

小白鷺

喜歡群聚繁殖的鷺科鳥類

Egretta garzetta

Profile

科別：鷺科

生息狀態：留鳥、冬候鳥

分布海拔：低海拔

棲息環境：溪流、湖泊、溼地

英文名：Little Egret

集體營巢的小白鷺因巢位接近，不時會
出現互相威嚇的行為。

在台灣的鷺科鳥類，體羽大致可分為三類，褐色的有栗小鷺、黃小鷺、黑冠麻鷺、大麻鷺、紫鷺等；灰色的有夜鷺、綠簑鷺、蒼鷺、白頸黑鷺；白色的有大、中、小白鷺、黃頭鷺、唐白鷺等，其中白色鷺科體型最小者，該是小白鷺了。

小白鷺為台灣普遍的過境鳥及留鳥，常出現於平地及低海拔地區之沼澤、溪流、湖泊、水田、海岸泥灘地及紅樹林。小白鷺與鷺科鳥類之岩鷺（白色型）、唐白鷺及黃頭鷺（冬羽）羽色相仿，體型相近，對初學者而言，分辨確實不易。其實只要觀察喙與腳，便不難分辨牠們了。小白鷺的主要辨識特徵為黑嘴、黑腳、黃趾；黃頭鷺為黃嘴、黑腳，唐白鷺為黃嘴、黑腳、黃趾；岩鷺的嘴為黃褐色、腳趾黃綠色。

小白鷺為日行性鳥類，主要食物為魚類、蝦蟹類、兩棲爬蟲類及昆蟲等。牠在覓食時，有許多特徵的捕食技巧，腳趾攪動水底，將底棲生物驚起再加以捕食；或於烈日下將翅膀張開形成陰影，一方面吸引魚蝦聚集，一方面避開反光以利於捕捉。

小白鷺繁殖時會形成群落，集體營巢，也會與夜鷺、黃頭鷺共同利用營巢地。我形容小白鷺的繁殖方式為「形式上的一夫一妻制」。這是因為我曾經長時間觀察屏東東港附近的一個營巢區後發現，巢與巢之間，偷情的現象極為普遍，有一巢雌鳥產下了六顆蛋，其中至少有兩個蛋是別人的種，也許小白鷺就是利用這種方法來延續自己的族群，這是否與人類社會有某種程度的相似處呢。

1 | 1. 暗色型小白鷺極少出現
2 |　　在台灣地區，每次出現
　　　都會引起觀賞熱潮。
　　2. 在一大群小白鷺中總是
　　　特別顯眼。

```
         1
2  3  |  4  5
```

1. 鷺科鳥類常聚群繁殖，圖中大白鷺
   是在台灣繁殖的鷺科鳥類之新成員。
2. 在巢上交配。
3. 會經常以喙翻蛋，使其受熱均勻。
4. 孵化不久的幼鳥已經可以在巢邊活
   動，但仍仰賴親鳥哺餵。
5. 幼鳥索食。

海邊
離島

崖海鴉

是台灣僅有一筆救傷紀錄的鳥種

Uria aalge

Profile

科別：海雀科
生息狀態：迷鳥
分布海拔：低海拔
棲息環境：海岸
英文名：Common Murre

1998 年夏天，我應畫家楊恩生之邀，搭機至安克治，與他們全家一起，展開我生平第一次阿拉斯加之旅。

此行收穫豐碩，在超過四十天的旅程中，除了飽覽阿拉斯加瑰麗的風光外，觀察拍攝了無數的動物、鳥類，更讓我對於阿拉斯加生態之豐富，讚嘆不已。

其中最令我印象深刻的是搭乘阿拉斯加航空造訪美國和俄羅斯之間白令海中之聖保羅島。能夠順利到達聖保羅島也有那麼一點運氣成分。起飛後，聖保羅島氣候不佳不能降落，只好改降別處等待，幸好後來氣候轉好，才能到達。

聖保羅島上的生態極為豐富，除了有近百萬隻的北方海狗外，更擁有種類與數量超多的各種鳥類，是有名的賞鳥勝地。我一到島上，就把目標對準了鳥類，舉凡海鵰鶯、紅臉鸕鷀、暴風鸌、紅腳三趾鷗、多種海雀，最特別的是全世界的三種 puffin，有兩種在島上可以看到，更是我取景的主要目標。至於崖壁上站滿的厚嘴黑鴉及崖海鴉，一身黑白羽毛，顏色單調，引不起我的興趣，所以隨手拍了幾張量，有了基本資料就覺得足夠了。

2004 年七月，在《中華飛羽》月刊上，發現一筆台灣新紀錄鳥種海鴿，是台南七股的漁民發現，當時牠已經奄奄一息了，緊急送往特有生物研究保育中心急救，還是沒能救活，後來只好做成標本。看到《中華飛羽》上面所附的照片，我愈看愈眼熟，那不就是我在聖保羅島上所拍的崖海鴉嗎？我立刻把我所拍的美國鳥類圖檔翻出來比對，果然沒錯，的確是牠。

我既高興又後悔，高興我又多一種新紀錄，懊悔的是為什麼要有分別心，那時候如果多拍一些就好了。

棲息、繁殖於峭壁上，可有效防止北極狐等掠食動物之侵擾。

白腹鰹鳥
善於海面俯衝獵食
Sula leucogaster

Profile

科別：鰹鳥科

生息狀態：普遍海洋性鳥類

分布海拔：低海拔

棲息環境：海邊、離島

英文名：Brown Booby

緊鄰潮汐帶較深的海域，陸地上的有機物會被河流沖刷至此，浮游生物便大量在此繁殖。小型魚類以這裡豐富的浮游生物為食，而牠們本身又成為更大魚類的食物，接著這些大小魚類全成了岸上鳥類的捕食對象，白腹鰹鳥就是活躍在此的高明獵食者之一。

白腹鰹鳥又名褐鰹鳥，在分類上屬於鰹鳥科，為台灣地區稀有的留鳥。牠的體長約七十三公分，翼展一百四十五公分，是一種大型的海鳥，飛行能力甚強，主要棲息於海島上。

白腹鰹鳥全身上下為明顯的咖啡色與白色，胸、腹部的白色與天空的亮白相似，具有掩蔽的效果。平時牠們常在海面上二十至三十公尺高的上空翱翔，以找尋洄游的魚群。有些小型魚類會成群游動以自保，在牠們遭遇水中掠食魚類時，比較有機會生還。但大隊魚群反而成為明顯的目標，身體閃著銀色光澤的小魚，在蔚藍海面上看來是一片灰綠色，鰹鳥找尋的就是這種景象。遇到洄游魚群後，白腹鰹鳥會一隻接著一隻，收翅向下俯衝啄食，展開一場瘋狂的掠食大戰。

白腹鰹鳥主要分布於太平洋的熱帶與亞熱帶島嶼中，繁殖時集體營巢於無人島嶼的峭壁上。根據記載，日治時期在台東外海的小蘭嶼島，曾有牠們集體營巢記錄，但近些年來，台灣及附近島嶼就再也沒有發現牠們的繁殖了。要欣賞白腹鰹鳥，除了搭船在海上找尋以外，就只能在收到牠停棲於北海岸礁岩上的訊息時，趕過去碰碰運氣了。

1 | 2

1. 雄鳥嘴基及眼睛周圍裸皮呈淡藍色，腳略帶藍色。
2. 雌鳥無淡藍色裸皮，腳黃色。

黑尾鷗
是海上黃飛鴻
Larus crassirostris

科別：鷗科

生息狀態：冬候鳥

分布海拔：低海拔

棲息環境：海邊、離島

英文名：Black-tailed Gull

Profile

我有一位朋友喜歡海釣，自己擁有一艘管筏，在假日或閒暇時就出海釣魚，日子過得十分愜意。有一次他告訴我，海上的蚵棚停了很多黑色的海鳥，有如母雞一般大小，漁民都叫牠們為「海雞母」。我聽了他的形容後感到很好奇，因此想盡辦法隨他出海，果然看到而且拍到那些海鳥，並辨識出那些漁民口中的「海雞母」其實是黑尾鷗的亞成鳥。

黑尾鷗是一種大型的鷗科鳥類，雖然叫做黑尾鷗，其實牠的尾羽並不全是黑色，而是在白色的羽尾末端，有一條黑色的寬橫帶。牠的嘴為黃色，尖端有紅、黑的斑點，所以有人戲稱牠們為「黃飛鴻」（黃黑紅的諧音）。牠們又常發出「喵、喵」像貓一樣的鳴叫聲，加上嗜食魚類，所以也有漁民稱牠們為「海貓」。

黑尾鷗主要分布中國大陸沿海地區及日本、韓國等地，冬季時會移棲至南方較溫暖的地方度冬。在台灣地區，牠們為每年十一月至翌年三月間不普遍的冬候鳥，以北部地區較為常見，澎湖地區亦可發現牠們的蹤跡。牠們經常在礁岩上、沙洲或河口地區群集活動，特別喜歡出沒在港灣及船隻附近，以偷食捕撈的漁獲或撿拾船上丟棄的廚餘及廢棄物，所以牠也是名符其實的海上清道夫。

每年四至六月是牠們繁殖的季節，牠們會利用北方人跡不易到達的島嶼峭壁上築巢。在馬祖列島的東引島上，發現有百餘隻的黑尾鷗繁殖，馬祖列島因而在 1999 年成為我國的海鳥保護區。

在台灣因為緯度較低的關係，並不容易觀察到鷗科鳥類。如果有到緯度較高的國家旅遊時，可千萬要把握機會，到港灣附近好好的觀察牠們。

1 │ 2　3
1. 飛行時，黑色尾羽明顯是主要辨識特徵。
2. 成群棲息於海邊之礁岩、沙洲或河口附近。
3. 親鳥與幼鳥。

紅嘴鷗

懂得偷魚塭飼料吃

Chroicocephalus ridibundus

Profile

科別：鷗科

生息狀態：冬候鳥

分布海拔：低海拔

棲息環境：海邊、離島

英文名：Black-headed Gull

鷗科鳥類大多分布於高緯度地區，台灣地處於北緯二十二度到二十五度之間，屬於較低緯度的區域，可以見到的鷗科鳥類並不多，其中最普遍易見的應該算是紅嘴鷗了。

紅嘴鷗通常出現在海濱地帶，所以大部分的人就叫牠們為「海鷗」，其實這種稱呼並不正確，因為另有一種鷗科鳥類就叫海鷗，嘴是黃色的，而且只分布於高緯度地區，在台灣是屬於罕見的迷鳥。

紅嘴鷗全長約四十公分，為中型鷗科鳥類，主要分布於歐亞大陸北方，冬季時則會遷徙至溫暖的南方地區。台灣地區為每年十一月至翌年四月間普遍的冬候鳥，冬季時會大量出現於台灣西南部沿海。牠經常活動、覓食於河口、潮間帶、魚塭及港灣等地帶，群聚性很強，停棲時往往會聚集成數十隻甚至數百隻以上的龐大群體。

魚類是紅嘴鷗的主食，但也會撿食垃圾堆中的食物碎屑，食性之廣簡直可以用來者不拒加以形容，也是「海上清道夫」的一員。覓食時會浮游水面，或採取空中俯衝啄食方式，近些年在嘉義縣東石、布袋一帶觀察時發現，牠們現在已懂得啄食魚塭中，養殖業者所投放之餌料了。對牠們來說，這樣覓食更省力和方便，但養殖業者的損失可就大了。

四月以後，天氣漸漸暖和，紅嘴鷗頭部的羽毛會由冬季的白色，逐漸轉換為夏羽的濃巧克力色。當這樣的繁殖羽出現時，就表示牠將告別台灣，返回北方的繁殖地了，所以要觀察紅嘴鷗，就要把握其在台灣度冬的機會，到海邊去找尋牠們。

1 | 2 3

1. 幼鳥背略帶褐色斑，嘴及腳粉紅色。
2. 飛行中的紅嘴鷗可以看見純白的尾羽。
3. 繁殖羽（前者）與非繁殖羽（後者）並存的現象，出現在四月分以後。

北極燕鷗
是世界上遷移距離最遠的鳥類
Sterna paradisaea

Profile

科別：鷗科

生息狀態：台灣無分布

分布海拔：低海拔

棲息環境：海邊

英文名：Arctic Tern

如果問大家，哪一種鳥類的遷移距離最遠，相信大多數人都沒有辦法回答，因為這種鳥類並不會在台灣出現，所以大家才會覺得陌生。世界上遷移距離最遠的鳥類就是往返於地球南北兩極的北極燕鷗。牠們在北極地區繁殖，而度冬區則遠在南極，每年往返的旅程可能高達四萬公里以上。

每年四、五月分，北極燕鷗就陸續飛到阿拉斯加一帶的北極圈附近築巢繁殖，牠們是盡責的父母，輪流孵蛋、共同育雛。早熟型的幼鳥破殼後不久就能獨立行動，在親鳥勤快捕捉小魚的養育之下，成長得很快。到了九月以後，牠們就可以跟隨父母一同飛越重洋，前往地球的另一端，展開生命中的第一次成長之旅。

北極燕鷗在牠們漫長的旅途中，其實一直都充滿危機，必須擁有良好的體力和智力，才能克服困難，順利的到達目的地。身體羸弱或應付危機能力不足的個體，根本無法通過重重考驗而順利返回繁殖區。這樣殘酷的試煉，也因而淘汰了不良的個體，確保北極燕鷗能一直擁有優良的族群。

台灣並不是北極燕鷗遷徙時所必經的地方，所以我們無緣見識北極燕鷗的迷人丰采。但是大家對這種鳥類有了初步的認識後，將來有一天，在國外一旦看到這種鳥類時，一定會有特別深刻的感受。

1 | 2 3

1. 成鳥（攝於美國阿拉斯加州）
2. 北極燕鷗外形略似紅燕鷗，但停棲時翼尖超過尾羽，是最容易區分之處。
3. 成鳥與幼鳥。

裏海燕鷗

也待在曾文溪出海口

Hydroprogne caspia

Profile

科別：鷗科

生息狀態：冬候鳥

分布海拔：低海拔

棲息環境：海邊、離島

英文名：Caspian Tern

在台南市七股區曾文溪出海口附近的浮覆地上，因為棲息著瀕危鳥類黑面琵鷺而聲名大噪，持續吸引台灣各地的賞鳥人潮。許多賞鳥人士到了當地以後，卻往往只顧著爭睹黑面琵鷺的美麗身影，忽略了同樣棲息在那裡的其他鳥類。其實在這裡除了黑面琵鷺以外，還有許多其他各地少見的稀有鳥類，一樣值得大家加以注意。

裏海燕鷗正是在此度冬的稀有鳥類，牠的全長超過五十公分，是台灣所能見到的燕鷗屬鳥類中體型最大的。頭頂為黑色且略具有羽冠，配上鮮豔粗厚的嘴，外型可說是十分搶眼。原本認為牠是台灣稀有的過境鳥，可是經過這些年來持續的追蹤觀察後發現，在台南七股到北門一帶，有超過五十隻以上的裏海燕鷗在此地度冬，所以牠們應該是台灣局部普遍的冬候鳥。

裏海燕鷗捕食過程的精細與準確是很值得好好觀賞的。牠會先在空中振翅停飛，待瞄準目標、計算距離後，筆直向下俯衝，碩大身體落入水中的那一剎那，會濺起大片的水花，等牠再度飛上空中時，嘴上往往就會叼著一隻魚，捕食失敗的機率是少之又少的。

在台灣的其他地區，很少有機會能像這兒一樣，那麼容易就可以看到裏海燕鷗，所以有機會到曾文溪口觀賞黑面琵鷺的同時，可別忘了多看幾眼陪伴在牠旁邊的裏海燕鷗，畢竟牠也算是台灣的珍稀鳥類。

1 | 2 3

1. 裏海燕鷗體型碩大，嘴厚實、紅色，極易辨識。
2. 獵食時直衝入水捕捉魚類，聲勢驚人。
3. 飛行在空中，鮮紅色的喙依舊十分顯眼。

鳳頭燕鷗

是頂著亂髮的小龐克

Thalasseus bergii

Profile

科別：鷗科

生息狀態：夏候鳥

分布海拔：低海拔

棲息環境：海邊、離島

英文名：Great Crested Tern

為了追逐洄游性小型魚類的蹤跡，有幾種燕鷗選擇在澎湖海域附近的無人島上繁殖。在這當中，以鳳頭燕鷗的體型最大，造型最特殊，同時也是對環境變遷及干擾最敏感的一種燕鷗。

鳳頭燕鷗為全長約四十五公分的大型燕鷗，是台灣地區不普遍的夏候鳥，每年的三月至十月間，均可以發現牠們出現在北部及東北角的海域地帶。鳳頭燕鷗的嘴為黃色、長而厚並略微向下彎曲，頭部後方長著短而膨鬆的羽冠，像是留著一頭亂髮的龐克青年，在野外極為明顯而易於辨認。

牠們常成群飛翔於海面上，展翅時暗色的翼上覆羽與較淡的飛羽間，呈現頗為明顯的對比，由於尾羽較短，因此雙翼的感覺較為狹長。

在海岸上觀賞鳳頭燕鷗的獵食，是一件很刺激的事情。當牠們在海上發現獵物後，會由高空筆直地衝入海中捕食。由於牠的體型龐大，加上速度極快，往往會濺起大量水花，聲勢非常驚人。

夏季裡，馬祖列島、澎湖群島及東北角的棉花嶼，均可發現其繁殖族群。牠們採集體繁殖方式，並不營巢，而是把卵直接產於地下，雌、雄親鳥輪流孵蛋、育雛。

澎湖將軍嶼附近的一個無人小島——後袋仔，在 1996 年曾經發現一群鳳頭燕鷗在此繁殖，但因為漁民上岸撿拾鳥蛋，嚴重干擾牠們的生活，隔年，牠們不再於此地繁殖，經過好幾年以後，牠們才重返回後袋仔繁殖。由此可見鳳頭燕鷗對於環境的選擇是非常嚴苛的，要保育牠們一定要完全避免干擾。

1. 離巢後的幼鳥會集群於海邊的礁岩上，以躲避天敵。
1　2　3　2. 豐富的魚類，讓鳳頭燕鷗育雛時食物不虞匱乏。
3. 築巢於草地上，蛋直接產於地面。

白眉燕鷗
為何要選在澎湖繁殖？
Onychoprion anaethetus

Profile

科別：鷗科
生息狀態：夏候鳥
分布海拔：低海拔
棲息環境：海邊、離島
英文名：Bridled Tern

每年五、六月分，在澎湖列島中的一些無人島上，總會飛來許多燕鷗，在這裡完成一年一度傳宗接代的大事。因為牠們都是夏天來到這裡繁殖的，台灣曾有人為燕鷗拍攝紀錄片，並稱呼牠們為「追逐夏日的候鳥」。

所有光臨澎湖群島的燕鷗中，白眉燕鷗是數量最龐大的，澎湖西南方的貓嶼則是其築巢的大本營。牠們通常選擇島上較平坦的地帶或石頭縫隙之間築巢，同樣棲息在島上的玄燕鷗則選擇在峭壁上築巢，繁殖地點的選擇，就明顯的大不相同。

白眉燕鷗所築的巢十分簡陋，外觀幾乎沒有什麼巢材，大部分僅產一枚卵，但也有少數產兩枚卵。澎湖夏天的陽光特別熾烈，白眉燕鷗在孵卵時，幾乎沒有什麼可以遮蔽陽光的地方，所以常可見到牠張開嘴巴，不斷鼓動喉部散熱以降低體溫，真是非常辛苦。

當雛鳥孵出以後，親鳥就更加辛苦了，面對著張大嘴巴不斷索食的幼鳥，親鳥只得拚命的飛來飛去，到處找尋食物，好來餵飽那一個似乎是永遠不會閉上的小嘴。還好這個時候，黑潮帶來了豐富的洄游性魚類——丁香魚，讓白眉燕鷗可以輕易的捕捉到足夠的食物，這也是牠們選擇在這個時候到澎湖繁殖的最主要原因。

在澎湖除了可以見到許多燕鷗到這裡繁殖以外，海島的景色更是迷人，不妨利用假期規劃一趟澎湖的夏日之旅，保證你們一定會有滿滿的收穫。

親鳥孵卵時會張嘴散熱，降低體溫。

蛋直接產於地面，幾乎沒有任何巢材。

玄燕鷗

貓嶼峭壁上築巢的黑色燕鷗

Anous stolidus

P r o f i l e

科別：鷗科
生息狀態：夏候鳥
分布海拔：低海拔
棲息環境：海邊、離島
英文名：Brown Noddy

澎湖群島之所以會成為燕鷗的夏日天堂，主要是因為流經澎湖的洋流所造成的，這股富含有機物的海流，吸引了無數的魚蝦匯集，特別是在海水表層活動的龐大丁香魚群，讓選擇在此地築巢繁殖的燕鷗，有了不虞匱乏的食物來源，可以餵養幼雛，使其順利的成長。

選擇在澎湖繁殖的燕鷗，有紅燕鷗、白眉燕鷗、蒼燕鷗、小燕鷗、玄燕鷗及鳳頭燕鷗等數種，玄燕鷗算是其中較稀有且奇特的。

「玄」字義指黑色，顧名思義，玄燕鷗就是一種全身黑色的燕鷗。在世界保育組織瀕危鳥類紅皮書中，玄燕鷗列名為瀕危鳥類，澎湖的貓嶼是牠們繁殖的大本營，除此以外，東北角外海的彭佳嶼也有少數繁殖記錄。

在貓嶼繁殖的玄燕鷗，和同樣選擇在此地繁殖且數量龐大的白眉燕鷗，具有相同的習性及食物，而彼此之間卻不會造成生存上的衝突。仔細觀察可發現，數量稀少的玄燕鷗選擇在峭壁上築巢，白眉燕鷗則選擇在緩坡草原上，在巢位的選擇兩者有明顯的區隔。除此之外，牠們的覓食方式也不相同，加上此地的食物豐盛，有效減少了彼此衝突的機會，所以牠們才能在同一地點築巢繁殖下一代。

1 | 2 3
1. 巢築於岩壁凹處，會使用少量的巢材。
2. 伸展翅膀，以吸收陽光的能量。
3. 夏季會聚集於澎湖的無人島上繁殖後代。

紅燕鷗
粉紅色的夏日燕鷗
Sterna dougallii

科別：鷗科

生息狀態：夏候鳥

分布海拔：低海拔

棲息環境：海邊、離島

英文名：Roseate Tern

不知道大家是否看過或吃過「丁香魚」，那是一種身體兩側各有一條銀白色側帶的小魚。漁民捕到牠們以後，會把牠們煮熟，晒成魚乾出售。每年夏季丁香魚會大量洄游到澎湖群島附近，這時不但是漁民捕捉牠們的最好時機，也是一年一度到澎湖繁殖的燕鷗們最不虞匱乏的食物來源。

在澎湖群島繁殖的燕鷗大約有五、六種，大多利用無人島來當作繁殖基地，各有各的勢力範圍，紅燕鷗選的是望安島旁的小無人島——後袋仔當作牠們繁殖的大本營。

紅燕鷗是屬於鷗科燕鷗屬，尾羽和燕子一樣分叉，是燕鷗主要的特徵。牠身體上方的羽毛為淡青色，在繁殖季節，胸前白色羽毛會出現淡粉紅色，這個特徵並不明顯，所以不容易觀察。亞成鳥

和非繁殖期的成鳥，嘴和腳為黑色，在繁殖期成鳥會轉變為紅色。這似乎是一種性徵，經長期觀察，開始發情時，喙由黑色轉變為紅色，交配後，又開始由紅轉黑。在牠們營巢區，常可見紅、黑程度不同的喙。

紅燕鷗主要的活動領域為海岸、島嶼及礁岩，牠們經常成群在海上搜索魚類，同時發出嘈雜的鳴叫聲。飛行時拍翅次數很頻繁，並且不時的降落到礁岩上休息，這時牠們的警戒心特別強，是最不容易接近的時候。

暑假到澎湖，很容易就可以在海邊觀察到紅燕鷗與其他燕鷗翻飛的畫面。不過為了保護這些燕鷗嬌客，有很多無人島已被指定為生態保護區了，大家只能搭船在海上觀察，絕不能任意登島，去干擾牠們的繁殖。

1 │ 2　3

1. 巢頗為簡陋，只利用少量植被築成。
2. 降落礁岩上休息。
3. 雌雄同型，外表無法分辨。

蒼燕鷗

是澎湖藍天中最耀眼的潔白

Sterna sumatrana

Profile

科別：鷗科

生息狀態：夏候鳥

分布海拔：低海拔

棲息環境：海邊、離島

英文名：Black-naped Tern

在澎湖群島繁殖下一代的燕鷗中，蒼燕鷗是族群數量最稀少的一種。牠是台灣局部普遍的夏候鳥，主要是在馬來半島、中南半島、海南島及澳洲等地度冬。而中國大陸南方沿海、台灣及琉球群島一帶，則為主要的繁殖區。

蒼燕鷗有著一身潔白的羽毛，全身上下僅過眼線延伸至後頭部及嘴、腳等部位為黑色。所以當牠翱翔於蔚藍的天空中，總是顯得特別耀眼。我個人認為蒼燕鷗是澎湖可見的幾種燕鷗中，外型最優雅、美麗的一種。

蒼燕鷗在繁殖時，並不像其他的燕鷗如白眉燕鷗、紅燕鷗、鳳頭燕鷗等那樣，喜歡聚集在一起，採取集體營巢的方式繁殖；牠們總是把巢築於岩壁的邊緣地帶，巢與巢之間都隔著相當長的距離，以確保彼此之間不致於互相干擾。

蒼燕鷗每一巢通常只產一至兩個蛋，並且由雌、雄親鳥輪流孵蛋、育雛。當其中一隻親鳥正在孵蛋時，另一隻則在巢位附近擔任警戒的工作，一旦發現入侵者，會立刻起飛，向外敵高速俯衝，以喙攻擊對方；這樣的動作會持續不斷，直到把入侵者驅逐後才會停止。由蒼燕鷗對於蛋及幼鳥這樣無微不至的保護來看，牠們可是十分盡責的好父母呢！

1 ｜ 2 3

1. 迎著海風振翅欲飛。
2. 蛋直接產於地面凹處。
3. 全身大致為白色，僅過眼線延伸至後枕黑色。

遊隼
是高速俯衝的能手
Falco peregrinus

Profile

科別：隼科

生息狀態：過境鳥、冬候鳥、留鳥

分布海拔：低海拔

棲息環境：平原、溼地

英文名：Peregrine Falcon

隼科鳥類中之遊隼，飛行技巧高超、靈巧，當牠自高處進行俯衝攻擊，時速能夠輕易超過三百公里，是已知鳥類中飛行速度最快的。特別是由靜止狀態加速到時速一百公里，居然用不到一秒鐘，這是目前全世界所有超跑也都無法達成的可怕爆發力。

遊隼在國內野生動物保育法中，列名第一級瀕臨絕種野生動物，為台灣稀有的留棲猛禽，也是不普遍冬候鳥，以往發現紀錄極為稀少。在基隆市野鳥學會長期調查下，發現在基隆包括北方三島、北海岸及東北角等地，共有三十個活動樣區，證實在台灣有穩定的留鳥族群。自 1994 年以後，遊隼能見度增加，必然與台灣本島順利擴展族群有關。

遊隼繁殖時，偏好在垂直陡峭的岩壁或高樹營巢，甚至會在城市高樓的外牆角落築巢。經常出現在海岸潮間帶、海崖、溼地環境中活動、覓食。肉食性，幾乎以鳥類為主食，偶爾也捕食小型動物。

遊隼的覓食行為非常精彩，其步驟之精確，令人嘆為觀止。牠會採取高空盤旋搜尋獵物，或在極高的棲枝、峭壁上等待。選定目標後，以近乎垂直的角度，俯衝攻擊，並會連續追擊，直到成功為止。這樣緊張、刺激的過程，常會讓觀看的人感到血脈賁張。

1 | 2 3
1. 遊隼的俯衝飛行速度，為已知鳥類中最高速的。
2. 在地面處理獵物。
3. 幼鳥背部具有淡色羽緣，容易辨認。

都市
公園

337

台灣夜鷹
是愛吃蚊子的大嘴巴

Caprimulgus affinis

P r o f i l e

科別：夜鷹科

生息狀態：留鳥

分布海拔：低海拔

棲息環境：草原、河床

英文名：Savanna Nightjar

鯊魚是大海中最兇猛的魚類，大多數人一見到牠們，幾乎都會被嚇得渾身發抖，只想趕快轉身逃命。俗稱為「豆腐鯊」的鯨鯊，體型雖然是鯊魚中最龐大的一種，但性情卻溫馴無比，只吃浮游生物，完全不會傷害人。

在鳥類的世界中，鷹科鳥類就如同海中的鯊魚一樣，在一般人的心目中，是屬於兇猛而擅於獵食的猛禽。但是卻同樣有一種被稱之為「鷹」的鳥類，以蚊蟲為主食，並且擁有非常溫馴的性情，這種名不符實的鳥類，就是喜好在夜間活動的「夜鷹」。

夜鷹雖被稱為「鷹」，但分類上並不屬於「鷹科」，而是屬於「夜鷹科」。夜鷹科鳥類大多為偏夜行性，每當夜幕低垂，大地漸漸沉靜之際，就是牠們上場登台的時刻。在昏暗的夜空中，夜鷹會善用寂靜無聲的飛行技術，張開寬廣猶如捕蟲網的大嘴巴，在空中追捕飛蟲。夜鷹嗜食蚊子，常在黃昏時紛飛到蚊繩叢生的牛、羊棚周圍捕食蚊子；吃光蚊子以後，牠們還會吸取牛、羊乳來止渴，所以夜鷹的學名 *Caprimulgus affinis*，意思是指牛、羊的搾乳者。

在台灣可見到的夜鷹有兩種，比較常見的台灣夜鷹，是屬於普遍的留鳥，主要分布於中國大陸的華南地區、台灣、中南半島及南洋諸島。牠們白天棲息於平地及乾涸的河床，全身羽毛灰褐色，且布滿了黑色的細小斑點，與周遭環境極為融合，沒有賞鳥經驗的人，是怎麼找都找不到牠們的。

因為牠們擁有這麼高明的偽裝術，讓牠們變得有恃無恐，毫不畏懼人。所以只要你能發現牠們，動作輕緩的話，往往就可以靠近到距離只有三、五公尺的地方，從容不迫的觀察牠們。

1 | 2 3　1. 夜間常停棲於路燈下，伺機捕捉被燈光吸引而來的飛蟲。
2. 幼鳥為早熟型，出生不久就可以行動自如了。
3. 卵直接產於地面。

樹鵲

是平地最常見的鴉科鳥類

Dendrocitta formosae

Profile

科別：鴉科

生息狀態：留鳥

分布海拔：中、低海拔

棲息環境：森林、公園

英文名：Gray Treepie

鴉科鳥類大約可以分為兩大類，尾羽較短的為「鴉」，尾羽較長的則稱為「鵲」。鴉大多為黑色，而且在牠們身上很少有其他的顏色，像巨嘴鴉、家鴉、禿鼻鴉是典型的代表。鵲的羽毛顏色則有比較多的變化，像藍鵲、灰喜鵲都擁有較鮮豔的色彩，而樹鵲的尾羽則比較長，因此也歸納於「鵲」這一個族群之中。

樹鵲是台灣特有亞種鳥類，分布於全島的平地樹林至中海拔山區闊葉林之間，是屬於普遍易見的鳥種。牠全身的羽毛大致為灰褐色，嘴、額、臉、翼、腳及尾羽為黑色，雙翼之中具有明顯的白斑，整體造型極為特殊。棲息時偏好選擇獨立高枝，鳴叫聲高亢響亮，這些特點都使牠更容易為人所發現。

如同其他鴉科鳥類一樣，樹鵲亦是葷、素不忌的雜食性鳥種，舉凡漿果、種子、昆蟲、兩棲、爬蟲類，都列名在牠的菜單中，所以在結實累累的樟樹、荔枝、龍眼、柿子、雀榕等植物上，都可以輕易發現正在大啖美食的牠，甚至連山紅頭、綠繡眼、黑枕藍鶲等小型鳥類，巢中的卵或雛鳥，亦常成為牠的盤中飧呢。

樹鵲因擁有飄逸的長尾，飛行在空中又宛如波浪起伏般，姿態極為優美。但牠那略顯粗啞的鳴叫聲，還是像其他鴉科鳥類一樣地令人不敢恭維，卻使人印象深刻。

喜食漿果，常可在柿子園中發現其蹤跡。

幼鳥外形類似成鳥，但可從喙基部的淡色斑分辨。

小卷尾

是天生演唱家

Dicrurus aeneus

Profile

科別：卷尾科

生息狀態：留鳥

分布海拔：中、低海拔

棲息環境：森林

英文名：Bronzed Drongo

卷尾科鳥類敢攻擊猛禽，所憑藉的就是牠們那高超的飛行技巧，牠們擁有超長且分叉的卷尾，讓牠們得以展現靈活的飛行特技。如果以笨重的轟炸機來形容大冠鷲的話，那卷尾科鳥類就是圍繞在旁邊轉圈圈的戰鬥機了。

小卷尾是台灣常見的兩種特有亞種卷尾科鳥類之一，通常單獨或成小群出現於中、低海拔山區之闊葉林帶。大卷尾俗稱為烏秋，喜歡待在平地，而小卷尾卻偏愛棲息在山區，所以就被暱稱為「山烏秋」。牠們喜歡停棲在竹梢或樹木頂端，有時也會停棲在電線上，很容易就可以發現。與渾身漆黑的大卷尾相比較，牠們的外表可就漂亮多了，全身擁有藍綠色且帶有金屬光澤的羽毛，經過陽光一照射，會閃爍著耀眼的光芒。

小卷尾可說是天生的演唱家，不僅鳴聲嘹亮而且富有變化，同時還會模仿鳥類的鳴唱聲，唯妙唯肖的程度，就曾使許多資深賞鳥者受騙上當！是否想看到牠們在空中攻擊猛禽的雄姿呢？如果大家有機會去郊區旅遊時，不妨時時抬頭向天上仔細找尋，說不定就可以讓你看到這樣精彩的畫面。

1 | 2 3
1. 親鳥與即將離巢之幼鳥。
2. 親鳥臥巢孵卵。
3. 停棲枝頭，伺機捕食路過的飛蟲。

大卷尾

比猛禽還要凶猛

Dicrurus macrocercus

P r o f i l e

科別：卷尾科

生息狀態：留鳥

分布海拔：中、低海拔

棲息環境：田野、公園

英文名：Black Drongo

鷹科是鳥類中的猛禽，牠們在大自然中所占有的地位，就像獸類中的獅子、老虎般，應該是少有敵手的；但偏偏就有一些鳥類，不但不畏懼牠們，反而會攻擊並驅逐牠們，大卷尾就是這種比猛禽還要凶猛的鳥類。在野外經常看見的大冠鷲、鳳頭蒼鷹等猛禽遭到卷尾科鳥類的攻擊，甚至連羽毛也常硬生生地被扯下來呢！有人還曾經目睹，大冠鷲在空中遭遇一群大卷尾的攻擊，由於飛羽被啄掉太多，因而失速墜落地面摔死。

大卷尾是屬於卷尾科的台灣特有亞種鳥類，全長約二十九公分，全身羽毛為有光澤之黑色，眼睛為紅色，長長的尾羽末端較寬且分叉。牠們通常單獨或成小群出現在平地或低海拔山區，常停棲於樹林、竹林之上層位置，電線或牛背上，亦常跟隨在犁田的耕耘機之後，趁機啄食田間的昆蟲。

大卷尾的領域性很強，素有鳥類的「空中警察」之稱。假如有鷹科鳥類入侵了牠的勢力範圍，威脅到牠的安全，牠會立刻起飛攻擊。由於大卷尾的飛行技巧比鷹科高超，相較之下，擅長盤旋於高空之上的猛禽如大冠鷲、鳳頭蒼鷹、老鷹等，根本不是牠的對手，常在牠的驅趕攻擊之下落荒而逃。這種勇猛的表現，常讓看到的人印象深刻，因此會有「烏鷲，烏溜溜，看著鵁鴒啄目睭。」的童謠流傳在城鄉之間。

夏天是大卷尾繁殖的季節，由於牠幾乎沒有天敵，所以都把巢築在空曠的樹枝或電線桿上，絲毫不加以遮掩。反而是必須從牠巢位下方經過的人需要特別注意，因為入侵牠勢力範圍的你，有可能會被牠啄得頭破血流。

1 | 2 3

1. 擁有高超的飛行技巧，常使猛禽落荒而逃。
2. 由於極少天敵，所以巢築於空曠的地方。
3. 在油菜田中捕食蜜蜂。

松鴉
會模仿叫聲騙東西吃
Garrulus glandarius

Profile

科別：鴉科

生息狀態：留鳥

分布海拔：中、高海拔

棲息環境：森林、公園

英文名：Eurasian Jay

346

我們都知道鳥類中的鸚鵡、八哥會模仿人類說話的聲音，卻不一定知道，除了八哥、鸚鵡以外，還有許多鳥類會模仿別的動物的聲音，屬於鴉科鳥類的松鴉，就具有這種本領。國立故宮博物院裡館藏的清宮鳥譜中，就有這樣一段記載：「棲息松間，故曰松鴉，其舌如鸚鵡，能學人語。」在野外松鴉不與人接觸，所以沒有機會學習人語，但是牠會模仿其他鳥類的鳴叫聲，卻是千真萬確的事。

松鴉又稱為樫鳥，是台灣特有亞種鳥類，主要分布於海拔一千二百公尺至二千七百公尺間之森林中。盛夏時，有時也可以在三千六百公尺高的針葉林中發現牠們。主要棲息於原始闊葉林或針葉林中，平時單獨活動，繁殖期間常可見到牠們七、八隻成小群活動及覓食。

牠們是雜食性鳥類，除了捕食樹上昆蟲外，還會模仿其他鳥類的鳴叫聲，把正在繁殖的親鳥嚇走或騙走後，去偷吃牠們的蛋或幼雛。除此之外牠們也攝食大量的植物性食物如松果、堅果、草莓、種子等。牠們有儲存食物的習性，常將吃不完的食物藏匿在樹洞中或樹幹縫隙間，當食物缺乏時，再來慢慢享用。

由於牠們會模仿別的鳥叫聲，所以在野外觀鳥時，一定要仔細辨認，千萬不要被牠那千變萬化的鳴叫聲給騙了。

額基及顎線黑色，正面看似留了八字鬍。

以堅果、種子為食，亦會攝食山櫻花之漿果。

黑冠麻鷺

來看黑冠麻鷺拔河

Gorsachius melanolophus

Profile

科別：鷺科
生息狀態：留鳥
分布海拔：低海拔
棲息環境：森林、公園
英文名：Malayan Night-Heron

在台灣中南部的低海拔山區，有一些地區的森林長得很鬱密，如果又有溪流經過，溼度往往都會變得很高。森林內部很悶熱，而且蚊蟲眾多，身處其中並不是一件很舒服的事情。可是在這樣潮溼的環境中，地面上可見蚯蚓、青蛙、陸生螃蟹，溪流、水窪中則有許多魚蝦、蝌蚪等小動物在這裡生長。稀有的黑冠麻鷺就是喜歡這樣的環境，特別適合在這裡生長、繁殖。

黑冠麻鷺在分類上屬於鷺科，分布於海南島、中南半島、菲律賓和印尼等地，為台灣稀有的留鳥。以魚類、兩棲、爬蟲類及蚯蚓為食物，特別喜好捕食蚯蚓，在野外經常可以看到牠和蚯蚓在舉行拔河比賽，僵持不下的畫面。

近年來黑冠麻鷺似乎適應環境變遷，族群數量一年比一年增加，除了低海拔山區變得普遍易見外，連都會區的公園、校園、綠地也偶爾可見。

每年的五至七月是黑冠麻鷺繁殖的季節，牠們會選擇在高大喬木的枝幹間，以細小樹枝搭建一個平台狀的鳥巢來進行繁殖。每次通常產四顆蛋，蛋外表潔白光滑，沒有任何斑點。黑冠麻鷺是盡責的好父母，牠們輪流擔任孵蛋和育雛的工作，使牠們的下一代可以順利的孵出，成長至離巢自立。繁殖工作結束後，牠們的舊巢會被別的黑冠麻鷺拆毀，撿拾其中的舊樹枝回去另搭新巢，這或許也可以說是另一種形式的廢物利用吧！

黑冠麻鷺擬態的工夫很厲害，當牠在枝頭上靜止不動的時候，往往會被誤認成一段上面長滿苔蘚的枯樹幹。所以我們平常就要加強野外的訓練，使自己能耳聰目明，適應野外的環境變化，如此一來，才能看穿黑冠麻鷺巧妙的偽裝。

1 | 2 3
1. 巢主要以細枝堆疊而成，略顯簡陋。
2. 雌鳥護雛。
3. 有侵擾或異常聲響時就會顯現威嚇的態勢。
（此圖為受到底下通過的阿里山登山火車干擾）

紅嘴黑鵯

為布農族帶回火種

Hypsipetes leucocephalus

Profile

科別：鵯科
生息狀態：留鳥
分布海拔：中、低海拔
棲息環境：森林、公園
英文名：Black Bulbul

350

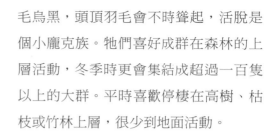

布農族是台灣的高山原住民，善於打獵，在布農族裡流傳著這麼一個傳說：古時候，有條大蛇把河口堵住，因而鬧起水災。布農族人逃到高山上躲避洪水，在匆促之間卻忘了攜帶火種。長老看見北方山頭有濃煙冒出，便派青蛙去取火種。青蛙用嘴咬住火種，在洪水中奮力往回游，但火種卻在水中熄滅了，長老只好再派鳥去。鳥用嘴叼住一個火種，再用腳抓住一個火種，飛呀！飛呀！嘴和腳都被火燒紅了，全身羽毛也被烤黑了，但牠仍然強忍痛苦，把火種帶回給布農族人。這種曾幫助布農族的鳥就是紅嘴黑鵯，為了感恩，布農族人世世代代絕不捕殺這種鳥。

紅嘴黑鵯在分類上屬於鵯科，和大家比較熟悉白頭翁是同一種鳥類，血緣極為相近，牠的身形就像是大一號的白頭翁。除了嘴和腳為紅色以外，全身羽毛烏黑，頭頂羽毛會不時聳起，活脫是個小龐克族。牠們喜好成群在森林的上層活動，冬季時更會集結成超過一百隻以上的大群。平時喜歡停棲在高樹、枯枝或竹林上層，很少到地面活動。

紅嘴黑鵯是雜食性的鳥類，以果實及昆蟲為主，亦兼食種子，真可說是葷素不忌。在野外曾經觀察到牠吸食花蜜、捕食蜜蜂、螳螂和甲蟲的精彩鏡頭呢！繁殖時會以細枝、草莖、樹葉等材料，在樹叢中築碗形巢。每一巢產二至三個蛋，雌、雄親鳥共同參與孵育工作。

成群結隊的紅嘴黑鵯，常發出嘈雜多變的鳴叫聲，往往劃破了山谷的寧靜。最奇特的是牠們在停棲之時，會發出「喵」，類似貓叫的奇特鳴叫聲。如果有一天，你們在山上聽到一連串的貓叫聲，可別以為遇到大野貓了，抬頭往樹上找，說不定可以找到這一群愛喧鬧的小傢伙哦！

1 | 2　3

1. 親鳥孵卵。
2. 剛離巢之幼鳥。
3. 白頭型亞種，是否因為人為攜入而出現於本島仍有待確認。

五色鳥

在森林中敲木魚

Psilopogon nuchalis

Profile

科別：鬚鴷科

生息狀態：留鳥

分布海拔：中、低海拔

棲息環境：森林、公園

英文名：Taiwan Barbet

在過完春節後天氣逐漸轉暖，野外通常會增加許多天然的音符，使原本因寒冬沉寂的大地，剎那間熱鬧起來，這些聲音就是鳥類、昆蟲求偶的鳴唱聲。當春天來臨，許多生物的繁殖季節也跟著展開，有些生物會以聲音來吸引異性，以完成傳宗接代的大事。

這時候，在全台低海拔山區，經常會傳來一陣陣厚重又持續很長一段時間的聲音，這種聲音類似敲木魚的響聲，讓初次聽到它的人，不禁懷疑附近是否有座寺院？其實它是五色鳥的鳴叫聲，沉寂了大半年的五色鳥，在春暖花開的季節，就會扯開喉嚨，大聲唱著情歌，找尋理想的配偶。

五色鳥是台灣特有種鳥類，普遍分布於全台海拔二千五百公尺以下的闊葉林、次生林山區。牠的頭部長有紅、黃、藍、綠、黑等五種顏色的羽毛，這也就是牠被命名為「五色鳥」的原因。另外牠那一身翠綠的羽毛，即使頭部色彩鮮豔，但在濃密的樹林中依然極具隱密性。

在分類上，五色鳥是屬於鬚鴷科的鳥類，又被稱為台灣擬啄木。所以牠在形態上和啄木鳥有許多相似之處，例如牠的腳趾二趾在前，二趾在後，稱為對趾，和啄木鳥一樣有助於其攀立樹枝，而五色鳥在樹幹上鑿洞築巢的繁殖方式也和啄木鳥相同。

五色鳥可說是一種葷素不忌的鳥類，不論昆蟲、植物的漿果、種子或花蜜等，都是牠喜愛的食物。根據野外觀察得知，除了育雛期間之外，牠還是比較偏向攝食植物性食物。牠因為擁有豔麗的外表，偏好素食的習性，加上像敲木魚一樣的鳴叫聲，所以有些賞鳥人稱呼牠為「森林中的花和尚」呢。

1. 幼鳥索食。
2. 在乾枯的枝幹用喙鑿洞為巢。
3. 喜食漿果，結實累累的柿子樹是牠們經常造訪的場所。

1 | 2 3

煤山雀

黑黑髒髒，一身漆黑

Parus ater

Profile

科別：山雀科

生息狀態：留鳥

分布海拔：中、高海拔

棲息環境：森林

英文名：Coal Tit

直到西元 2000 年三峽礦區停工，台灣北部地區的煤礦開採業才終於告終；瑞芳、九份、平溪等地過去都是有名的礦區。在那些地方可以見到許許多多的礦工出入，他們頭上戴著裝有電燈的安全帽，手裡拿著十字鎬，這就是他們的基本配備。採礦是一種既辛苦又危險的工作，進出礦坑的工人都有一個共同特點，就是一身漆黑。在台灣的山林之間，有一種小型的山雀科鳥類，牠的一身羽毛宛如剛從礦坑中挖礦出來的礦工一樣，沾滿了一身煤灰，而顯得黑黑髒髒的，所以這一種鳥兒，就被命名為煤山雀。

煤山雀全長約十公分，是台灣可見的五種山雀科鳥類中，體型最嬌小玲瓏的。牠是不普遍的台灣特有亞種鳥類，通常出現在海拔二千至三千公尺間，山區的針闊混合林或針葉林中，為具有代表性的亞高山帶森林鳥類，也是山雀科鳥類中，地域分布高度最高的鳥種。

煤山雀喜歡成群活動，常與青背山雀、冠羽畫眉和火冠戴菊鳥等小型鳥類一起活動及覓食。牠們經常棲立於樹梢，等候昆蟲飛過加以捕捉；也喜歡在枝椏間跳躍覓食，食物以昆蟲為主，但也攝食少量種籽與嫩芽。

每年三至六月，是煤山雀的繁殖期，牠們喜歡築巢於紅檜林中。西元 2004 年我曾在塔塔加鞍部公路之水泥護坡排水孔口發現一巢煤山雀，並加以觀察及拍攝。不幸的是，就在小鳥離巢前兩、三天，山區降下豪雨，排水孔積滿水，讓五隻幼雛全部掉落地面死亡，很遺憾沒有辦法拍到牠們順利離巢的畫面。

1. 具有明顯羽冠，易於辨識。
1 | 2 3   2. 常單獨或成小群活動於森林上層。
  3. 覓食時也會出現於低矮林木或灌叢中。

麻雀

不是害鳥

Passer montanus

Profile

科別：麻雀科

生息狀態：留鳥

分布海拔：中、低海拔

棲息環境：城市、田野

英文名：Eurasian Tree Sparrow

如果要找一種大家最熟悉的鳥類，那一定非麻雀莫屬了。麻雀又稱「厝角鳥仔」，牠可說是最適應人類生活環境的一種鳥類，在住家附近、校園或社區公園裡，隨時都可以看見牠們，可說是和人們生活關係最密切的鳥類。

麻雀屬於雀形目麻雀科，是全長約十四公分的小型鳥類。原本分布於全台平地至低海拔山區的住家附近，但隨著人類開發山區的緣故，適應力良好的麻雀有逐漸向中、高海拔山區擴展的趨勢，因而嚴重影響到一些原本居住在中、高海拔山區鳥類的生存空間。

麻雀性喜群居，經常成群聚在一起，並發出吱吱喳喳的喧鬧聲，不太畏懼人。

牠們的繁殖期很長，在溫暖的南部幾乎全年都有繁殖記錄。築巢時以草莖為主要的巢材，內部則襯以較柔軟的羽毛、棉絮、毛線等。巢位的選擇可說是五花八門，除了樹上以外，建築物的屋簷、天花板、排氣管、冷氣機、瓦斯熱水器、氣窗上都有記錄。牠們甚至會驅趕築好巢的赤腰燕而利用牠們的巢，形成燕巢雀占的現象。

在許多書本裡，都將麻雀形容成專吃穀物的害鳥；其實根據鳥類學家研究後發現，麻雀所吃的食物中大部分是雜草種子和昆蟲，只有極少部分是穀類，牠們對於農作物的影響可以說是利多於弊。過去中國大陸發起除四害運動，把麻雀也列為四害之一而加以大量撲殺，隔年就因為害蟲大量滋生，造成連年的飢荒，有三千萬人因而餓死，這就是一個明顯的例證。

1 | 2 3
1. 巢中索食之幼鳥。
2. 沙浴可以有效的驅除羽毛上之寄生蟲。
3. 盛夏時節，亦會利用水浴降暑。

喜鵲

為牛郎織女搭橋

Pica pica

Profile

科別：鴉科

生息狀態：留鳥

分布海拔：低海拔

棲息環境：森林、公園

英文名：Eurasian Magpie

每年農曆七月七日，也就是所謂的七夕，是中國的情人節，相傳這一天是牛郎、織女一年一度鵲橋相會的日子。據說牛郎和織女原本為一對恩愛夫妻，後因荒廢工作而被處罰，分隔在銀河的兩邊，喜鵲誤傳了天帝的旨意，讓他們由每七天見面一次，變成每年七夕才能見面一次，於是錯傳玉旨的倒霉喜鵲，在七夕這一天就必須在天河上搭橋，好讓牛郎、織女能順利相見。

喜鵲是中國人眼中吉祥的象徵，自古就有「喜鵲報喜，烏鴉報憂」的俗諺，彷彿看到喜鵲光臨，就能帶來喜事。可是一般人也許不知道，吉祥的喜鵲其實和人人討厭的烏鴉是同屬鴉科鳥類，而且牠們的叫聲同樣粗啞、難聽。喜鵲在台灣則有另一種傳說：相傳台灣以前並沒有喜鵲分布，而是在清朝乾隆年間，台灣知府蔣允焄命人到華南一帶大量捕捉，來此野放，從此台灣就有喜鵲了。所以喜鵲在台灣也有「客鳥」或「蔣鵲」的別稱。

喜鵲的外表為黑白兩色搭配，在野外十分醒目，是很容易辨認的鳥類。大都是單獨或二、三隻成小群出現在海邊的防風林中，可能是當初在台南府城附近放生的緣故，現在喜鵲的分布也以台南、新竹兩地的數量較多。繁殖時雌、雄互相合作，在高大喬木上以細樹枝搭出一個圓形的巢，而且會重複使用舊巢。

喜鵲是雜食性的鳥類，昆蟲、漿果、植物種子、爬蟲類、鼠類、鳥卵、雛鳥，都是牠經常覓食的對象。此外牠還喜歡啄食腐屍爛肉，無形之中替自然環境清除了髒亂，對環境助益甚大，應該可以說是大自然的清道夫。

1 | 2　3
1. 鳴叫聲粗啞難聽，和牠「喜鵲」的名稱完全不符合。
2. 重複使用舊巢的結果，使得巢越來越巨大。
3. 在油菜花田中覓食昆蟲。

白頭翁

可能狂愛巧克力

Pycnonotus sinensis

Profile

科別：鵯科
生息狀態：留鳥
分布海拔：低海拔
棲息環境：田野、公園
英文名：Light-vented Bulbul

親鳥以昆蟲育雛。

巧克力是從可可樹上的可可亞提煉出來的，可可樹原生地在南美洲的亞馬遜盆地熱帶雨林中，後來被帶往墨西哥及哥斯大黎加後，開始被製成巧克力。目前可可樹生長在赤道南北二十度之間的區域，包括巴西、委內瑞拉、印度西方、迦納、奈及利亞、象牙海岸、馬達加斯加、斯里蘭卡、菲律賓、馬來西亞，甚至夏威夷都有可可樹的種植。「巧克力」這個字本身來自墨西哥的古阿茲提克語，意思是「帶著苦味的飲料」，從前阿茲提克印地安族的勇士相信，巧克力能帶給他們特殊的能量，好讓他們在戰爭中對抗敵人。時至今日，除了成人及兒童非常喜歡巧克力之外，還有一種鳥類可能也對巧克力萬分著迷，這種鳥類就是在樹上老是「巧克力、巧克力」叫個不停的白頭翁。

白頭翁在分類學上屬於雀形目鵯科，為台灣極為普遍的特有亞種鳥類。分布於台灣西部，基隆、台北至屏東楓港及宜蘭，和特有種台灣鵯，也就是烏

巢中幼鳥索食。

頭翁有明顯的地理分隔現象。牠是平原農耕地帶和城市公園中易見的鳥類，出現於低至中海拔地區，常成小群活動，在繁殖季常可看到成對偕飛，到了秋冬兩季又回復群棲。

白頭翁為雜食性鳥類，主要以漿果為食，兼食昆蟲，甚至也吃米飯、菜餚，似乎任何食物都接受，無怪乎牠的數量成長迅速。繁殖季於四至八月間，雌、雄親鳥共同築巢於離地一至三公尺的樹上，巢呈碗狀，以草莖、細枝及芒草穗為巢材，每巢約產三、四個蛋，孵蛋及育雛工作由親鳥共同負擔。

牠們實在是太普遍了，甚至到了讓人忽視牠的地步，但牠們的許多行為還是值得觀察的，現在就把望遠鏡對準這些愛叫巧克力的鳥兒吧。

幼鳥離巢。

綠繡眼
眼睛繡了一圈白色毛線
Zosterops japonicus

Profile

科別：繡眼科

生息狀態：留鳥

分布海拔：中、低海拔

棲息環境：森林、公園

英文名：Japanese White-eye

從前舉行結婚典禮時，在女方陪嫁的諸多物品中，都有一棵石榴樹，因為石榴樹所結的果實中會有許多的種子，這是取「多子」的寓意。我母親結婚時也陪嫁了一棵石榴樹，我們把它種到庭院中，到我十多歲時，它已經長得比我還高了。由於當時選到了果實既小又酸的品種，所以儘管每年都結實累累，卻沒有人去摘來吃。

在每年這一段時間，總有幾隻黃綠色的小型鳥類，飛到樹上去啄食石榴種子，牠的鳴叫聲非常清脆好聽，我們都叫牠「青笛仔」。一直到我長大，開始研究及拍攝鳥類之後，才知道這一種可愛小鳥的正確名稱叫綠繡眼。

綠繡眼在分類上屬於繡眼科，為台灣普遍的留鳥，全身羽毛黃綠色，主要特徵是眼睛的周圍有一圈白色的羽毛，看起來好像繡了一圈白色的毛線，所以牠才會有「綠繡眼」這樣貼切的名稱。

每年四月中旬至八月中旬是牠們的繁殖季節，牠們會以植物纖維、苔蘚及蜘蛛絲等材料，在樹叢中編織成精巧的碗形巢。繁殖時平均產三個蛋，雌、雄親鳥輪流孵蛋，共同育雛。

牠們食物的種類很繁雜，從昆蟲、漿果、種子甚至花蜜，都是牠們覓食的對象。隨著人類開發山林的腳步，綠繡眼也逐漸由平地擴展分布到中海拔山區，梨山地區山櫻花盛開的季節，常可以看見牠們一面吸吮花蜜，同時亦幫植物完成傳粉工作的畫面。

綠繡眼和一些都市型鳥類如麻雀、白頭翁、珠頸斑鳩一樣，能適應人類社會。所以在學校、公園等生活空間，很容易就可以發現牠們的蹤跡，是和我們很親近的鳥類。

1 | 2 3

1. 巢編織精密，外層以蜘蛛絲裝飾，形容像一個小盆。
2. 親鳥育雛。
3. 經常穿梭於枝椏枝間覓食昆蟲。

夜鷺

日夜都能活動的捕魚高手

Nycticorax nycticorax

Profile

科別：鷺科

生息狀態：留鳥、冬候鳥

分布海拔：低海拔

棲息環境：河流草沼、池塘

英文名：Black-Crowned Night-Heron

「暗光鳥」── 夜鷺是台灣鷺科鳥類中，日夜均可活動、覓食的鳥類，在台灣普遍易見，通常三、兩隻或成小群，出現於沼澤、溪流、魚塭、沙洲及內陸湖泊、水庫之中。主食魚類，也會攝食蛙類及昆蟲。牠的眼睛為橙紅色（幼鳥橘紅色），和其他鷺科鳥類有顯著不同，這項特徵，似乎有利於牠的夜間活動。

繁殖時，夜鷺會和小白鷺或黃頭鷺共同使用同一個營巢區，牠們彼此之間活動時間並不相同，所以不至於造成嚴重的競爭。

夜鷺主要在夜間活動，又嗜食魚類，所以常造成魚塭主人莫大的困擾。白天前來覓食的大、中、小白鷺，容易發現而加以驅趕，對於神出鬼沒的夜鷺，就比較沒辦法驅離，所以常造成魚塭不少的損失。

巢與幼鳥。

1. 水中的捕魚高手。
1 | 2 3　2. 幼鳥體羽褐色，體上密布白色斑點。
3. 成鳥全身以灰色為主，頭頂、背部藍黑色。

國家圖書館出版品預行編目 (CIP) 資料

野鳥生態學堂 / 陳加盛著 . 一初版 . 一台中市
：晨星，2020.04
面；　公分 . 一（自然生活家；39）
ISBN 978-986-443-975-1（平裝）

1. 鳥類 2. 動物攝影

388.8　　　　　　　　　　108023268

詳填晨星線上回函
50 元購書優惠券立即送
（限晨星網路書店使用）

自然生活家 039

野鳥生態學堂

作者	陳加盛
主編	徐惠雅
執行主編	許裕苗
版型設計	許裕偉

創辦人	陳銘民
發行所	晨星出版有限公司
	台中市 407 工業區三十路 1 號
	TEL：04-23595820　FAX：04-23550581
	E-mail：service@morningstar.com.tw
	http：//www.morningstar.com.tw
	行政院新聞局局版台業字第 2500 號
法律顧問	陳思成律師
初版	西元 2020 年 04 月 23 日

總經銷	知己圖書股份有限公司
	106 台北市大安區辛亥路一段 30 號 9 樓
	TEL：02-23672044 / 23672047　FAX：02-23635741
	407 台中市西屯區工業 30 路 1 號 1 樓
	TEL：04-23595819　FAX：04-23595493
	E-mail：service@morningstar.com.tw
	網路書店 http://www.morningstar.com.tw
讀者服務專線	02-23672044 / 23672047
郵政劃撥	15060393（知己圖書股份有限公司）
印刷	上好印刷股份有限公司

定價 550 元

ISBN 978-986-443-975-1

※ 本書為 2006 年出版之《野鳥觀察事典》增補修訂版，針對圖片全數做了更換、文字修訂及重新編排。